Ueber die für die protestantische Kirche des preußischen Staats einzurichtende Synodalverfassung.

Einige Bemerkungen vorzüglich der protestantischen Geistlichkeit des Landes gewidmet

von

D. Friedrich Schleiermacher,
der G. G. O. O. Lehrer an der Universität zu Berlin.

Berlin,
bei G. Reimer.
1817.

Als ich die kleine Schrift über die neue Liturgie für die Garnisongemeinden mit dem auch für diese Angelegenheit so wichtigen Wunsche geschlossen hatte, die Umstände möchten doch bald gestatten, daß die Sorge des Königes dem, wie wir wußten, ihm vorliegenden Entwurf zur Verbesserung des Kirchenwesens sich auf eine für die gute Sache des Protestantismus in unserm Lande entscheidende Weise möge zuwenden können, kam mir bald von mehreren Seiten mit wohlwollenden Aeußerungen über jene freimüthige Darstellung zugleich die auch in dieser Hinsicht so beruhigende Nachricht entgegen, mein zulezt geäußerter Wunsch sei im Wesentlichen bereits erfüllt, und die öffentliche Bekanntmachung der königlichen Beschlüsse über diesen Gegenstand werde nächstens erfolgen. Diese so allgemein und lang gehegte Erwartung ist nun vorläufig wenigstens und theilweise erfüllt durch die amtliche Bekanntmachung des Hochwürdigen Consistoriums der Provinz Brandenburg vom 13ten März, und hernach auch anderer Consistorien, anlangend die Bildung der Presbyterien und die Vereinigung der protestantischen Geistlichkeit in Kreis und Provinzial-Synoden, auf welche nach fünf Jahren auch eine allgemeine Landes-Synode folgen soll. Wiewol nun in diesen von den Provinzialbehörden ausgegangenen und daher bald mehr bald weniger enthaltenden Bekanntmachungen nur die allgemeinsten Umrisse dieser neu zu gründenden Verfassung der Kirche mitgetheilt sind, und wir über das nähere an eine noch bekannt zu machende Synodal Ordnung verwiesen werden: so kann ich mich doch auch jezt schon nicht enthalten; wie ich meinen Wunsch nicht verschwiegen, so auch meine dankbare Freude über diesen wichtigen Schritt öffentlich auszusprechen. Nicht als ob ich mir ein besonderes Ansehn beilegen wollte, und als wäre gerade meine Stimme über diese Angelegenheit etwas bedeutendes, und noch weniger, als wollte ich dasjenige übertreffen oder in den Hintergrund stellen, was auch unter uns schon in den lezten Jahren Männer, die in der Kirche auf einer höheren Stufe stehen als ich *), über die großen Vortheile einer Synodalverfassung gesagt haben. Sondern theils giebt die Bekanntmachung selbst, indem sie ein bestimmtes Bild der neu eintretenden Verhältnisse, wenn gleich nur in allgemeinen Zügen, enthält, zu manchen Betrachtungen Gelegenheit, die in früheren Schriften nicht konnten enthalten sein und mehr über diese besonderen Verhältnisse will ich reden als über den Werth der Sache im allgemeinen, wovon ich die Ueberzeugung voraussetze; theils glaube ich auch, es muß denen, die dieses geordnet haben, erfreulich sein, wenn sie nicht nur wissen, daß die Aufseher der Geistlichen, die nun als Vorsizer der Kreissynoden als Mitglieder der Provinzialsynoden offenbar eine kräftigere Stellung und eine verbreitetere Wirksamkeit bekommen, und gewiß zugleich die Hofnung nähren, nun von manchem nur äußerlichen und mechanischen Geschäft entbunden zu werden, daß diese sich der neuen Einrichtung freuen, sondern wenn sie auch aus dem großen Haufen der Geistlichkeit recht bald Beifall ge-

---

*) Wie unter andern die drei Herren Superintendenten Küster, Tiebel und Neumann in ihrer bekannten Schrift in freundschaftlichem Verein gethan.

bende Stimmen vernehmen und inne werden, daß auch diese sich freut, aus der Eingeschlossenheit ihres bisherigen Verhältnisses, aus dem Dunkel, worin ihre Amtsführung größtentheils gehüllt ist, an ein helleres Licht hervorzutreten, um in lebendiger Wechselwirkung eine vielseitigere Thätigkeit zu entwikkeln und eine strengere Rechenschaft abzulegen. Als eine solche Stimme vorzüglich wünsche ich, daß diese Worte mögen angesehen werden, und hoffe, daß auch öffentlich noch manche im Ganzen ähnliche wenn gleich in einzelnen Wünschen und Ansichten abweichende Stimme nachfolgen wird, vorzüglich aber, daß sich die bei weitem größere Mehrzahl unserer Amtsbrüder zu solchen Aeußerungen des Beifalls und der Freude recht fröhlich und von Herzen bekennen, und schon dadurch in der ganzen Kirche eine warme Theilnahme an dieser Sache und ein neues Lebensgefühl erregen werden.

Indem ich dieses hoffe, indem ich wünsche, auch durch diese Blätter nicht nur meine eigne Freude zu äußern, sondern auch die Freude meiner Amtsgenossen und der evangelischen Gemeinen unsers Landes selbst über diese neuen Einrichtungen zu beleben und zur Sprache zu bringen, finde ich doch nothwendig, zuerst auf das einzugehen, was in Vielen vielleicht diese Freude zurükdrängen oder gar schwächen kann. Das erste ist wol dieses, daß in allen uns bis jezt zugekommenen öffentlichen Bekanntmachungen kein Termin bestimmt ist, wann die Synoden sollen zusammentreten, und daß daher Viele besorgen werden, die Sache könne sich wol sehr verzögern, da neue Einrichtungen immer schwierig sind durchzusezen und mit dem, was bestehen bleibt, auf eine lebendige Weise zusammenzufügen. Darüber werde der jezt freilich sehr rege Eifer erkalten; und wenn nun gar in der vielleicht noch langen Zwischenzeit manches auf dem bisherigen Wege in kirchlichen Angelegenheiten bestimmt und verordnet würde, worüber zu berathen und es durch gemeinsame Einsicht festzustellen wir grade als den höchsten Zwekk und das schönste und liebste Geschäft der Synoden ansehen: so werde dann die neue Einrichtung schon Niedergeschlagenheit und Mißmuth vorfinden, und in diesem Falle schon fast todt, in jenem mit einem wenigstens gar schwachen und kränklichen Leben zur Welt kommen, das nicht viel Hofnung lassen wird zu einem frischen Gedeihen. — Haben wir in der That Ursache dieser niederschlagenden Besorgniß Raum zu geben? Ich glaube nicht! Laßt uns zuerst fragen, was für Gründe der Verzögerung liegen denn in der Natur der Sache.

Es giebt allerdings mehrere Punkte, welche in Richtigkeit gebracht werden müssen, ehe die Synoden wirklich können versammelt werden. Aber wie genau ich sie auch erwäge: so finde ich doch nicht, daß sie zu einer langen den Eifer für die Sache und die Freude an ihr lähmenden Verzögerung führen dürfen. Es wird leicht sein dieses an den Hauptpunkten zu zeigen. Zuvörderst muß die Frage entschieden werden, ob beide protestantische Confessionen getrennt bleiben sollen auf den Synoden oder sich vereinigen? Gewiß hat hierüber schon seit der ersten Bekanntmachung Jeder nachgedacht, so daß die Berathschlagung nicht viel Zeit erfordern kann, und ich glaube daß unter meinen Brüdern von der evangelisch-reformirten Kirche nur Eine Stimme sein wird für die Vereinigung. Freilich kommt es nicht allein darauf an, ob wir die Vereinigung wünschen, sondern auch ob unsere Brüder von der evangelisch-lutherischen Kirche uns unter sich aufnehmen wollen. Denn so wird doch wol die Vereinigung im ersten Augenblikk erscheinen, daß sie uns unter sich aufnehmen, da wir so sehr die geringere Zahl bilden und sie die größere. Aber eben weil das Verhältniß so ist: so kann ich kaum glauben, daß von Seiten der evangelisch-lutherischen Kirche unseres Landes irgend ein Bedenken gegen diese Vereinigung statt finden könne. Was für Nachtheil sollten sie wol irgend davon besorgen können, da viele Synoden nur einzelne, die meisten nur wenige reformirte Prediger unter sich würden aufzunehmen haben? In einer entfernten Provinz, wo das Verhältniß sich anders gestaltet, ist die Vereinigung der Synoden bereits beschlossen, und außerdem möchte noch kaum irgendwo ein Fall vorkommen wie hier in der Hauptstadt, wo in einer Synode die Anzahl der Mitglieder beider Confessionen beinahe gleich sein könnte; hier aber finden wegen der Einrichtung der Simultankirchen bereits die brüderlichsten Verhältnisse statt. Von jener Seite also erwarte ich keine Schwierigkeiten, und wir unsererseits sollten meiner Ueberzeugung nach das größte Interesse haben diese Vereinigung in Anregung zu bringen. Denn wenn wir Reformirte auch hier in der Hauptstadt, in dem größeren Theil der Marken und in einigen rheinischen Gegenden eigene Synoden bilden können: wie soll es in den östlichen Provinzen gehen, wo um das gelindeste zu sagen die Geistlichen unserer Confession auf Acht und Zehn Meilen weit auseinander wohnen, und dann doch mehrentheils, wie in Pommern, in Schlesien, in Westpreußen, kaum zahlreich genug wären um eine Synode zu bilden? Woher sollen auch nur die Kosten zu diesen Reisen herkommen, da bekanntlich die Kirchen fast alle so gut als kein Vermögen haben, und auch die Gemeinen, wenn man die Hauptstädte abrechnet, arm sind und wenig zahlreich? Doch wenn auch der König, ohneracht et offenbar sein Wunsch die Fortdauer dieser Trennung nicht ist, falls die Geistlichen auf derselben beständen diese Kosten anweisen wollte, welcher wunderliche Widerspruch liegt schon darin, daß soviel Aufwand und Anstrengung gemacht wird, damit nur die reformirten Geistlichen unter sich zusammen kommen können, unterdeß aber doch jeder die Besorgung seiner Gemeine, wenn etwas eiliges während der Synodalversammlung vorfällt, dem nächsten lutherischen Amtsbruder überlassen muß. Oder wie sollen auch in allen diesen Provinzen, was doch einer der wichtigsten Gegenstände für die neue Synodalverfassung ist, die reformirten Geistlichen für sich die zwekkmäßige Aufsicht über ihre Kandidaten führen? Soll man etwa diesen zur Pflicht machen Hauslehrer oder Schullehrer nur zu werden an einem solchen Ort, wo auch ein reformirter Geistlicher wohnt oder ganz in dessen Nähe? Und was soll bei den Zusammenkünften dieser Geistlichen herauskommen, die sich in der Regel nicht einmal kennen, unter denen in der Zwischenzeit kein näheres Verhältniß als ein sparsames briefliches stattfinden kann, die also auf keine Weise mit einander eingelebt sind, indeß jeder vielleicht in dem vertraulichsten Verhältniß mit seinem nächsten lutherischen Amtsgenossen steht? Und wenn nun demohnerachtet recht viel weises und vortrefliches auf diesen reformirten Synoden zur Sprache käme und auch wirklich beschlossen würde: wäre es nicht um desto mehr zu bedauern, daß dieses gleichsam abgelegen in den Winkel einzelner kleiner zerstreuter Gemeinden vergraben werden soll? Ja sei nun die Weisheit und Zwekkmäßigkeit größer oder geringer, was für ein wahres Interesse kann wohl darauf ruhen, eine genaue Uebereinstimmung grade unter diese Gemeinden zu bringen, die sich unter einander gar nicht berühren, und sich also dieser Uebereinstimmung nicht einmal unmittelbar erfreuen können, während sie sich, wenn nun die Reformirten natürlich auch ihre eigenen Provinzial und Generalsynoden hätten, auf eine auffallende Weise in vielen ihrer Einrichtungen von den übrigen protestantischen Gemeinden unterschieden, mit denen sie sich wirklich berühren und in christlicher Gemeinschaft leben? und zwar auf eine Weise unterschieden, die doch größtentheils mit den eigentlichen Differenzpunkten beider Kirchen nichts zu schaffen haben würde, aber um so mehr bei minder unterrichteten ein falsches Licht werfen könnte auf das Verhältniß, in welchem unter uns beide protestantische Kirchen gegen einander stehen? Und zu welchem Zwekk nun alle diese Unbequemlichkeiten, Unangemessenheiten und zum Theil Widersinnigkeiten, die aus der Trennung reformirter und lutherischer Synoden hervorgehen müßten? Welcher andere ließe sich wol angeben, als um die Selbständigkeit der reformirten Kirche desto sicherer zu erhalten und desto kräftiger zur Anschauung zu bringen! Was heißt aber dies anders genau betrachtet, als nur die Kirchengemeinschaft zwischen beiden Confessionen möglichst hindern, und mit Gewalt und gegen alle im natürlichen Lauf der Dinge sich aufdrängende Zeichen und Forderungen etwas nur durch einen traurigen Irrthum der Reformatoren, und nur in Folge ihrer Leidenschaftlichkeit entstandenes, festhalten wollen. Die protestantische Kirche ist gar nicht dazu gemacht eine vollkommene Uebereinstimmung der Lehre und der Gebräuche in ihrem ganzen Umfang darzustellen, wie dies auch bei keiner von beiden Confessionen für sich der Fall ist, sondern eine Verschiedenheit der Lehre und der Gebräuche, aber ohne die Kirchengemeinschaft zu stören. So halten es in der Lutherischen Kirche — um nichts zu sagen von den neuern Differenzen der Rationalisten und Supernaturalisten, die in dieser Kirche vorzüglich ausgebrochen und — diejenigen, welche die Concordienformel annehmen, und welche sie nicht annehmen, so in der reformirten Kirche diejenigen, welche die Dordrechter Synode annehmen und welche sie nicht annehmen, diejenigen, welche die Calvinische und die, welche die Zwinglische Meinung vom Abendmahl theilen; und eben so sollte es auch vom Anfang an gehalten worden sein zwischen den lutherischen und reformirten Protestanten, und auf diesen Punkt sollten wir es wieder zurükzuführen suchen und die Kirchengemeinschaft zwischen beiden Partheien so weit unterhalten und so sehr erweitern als nur möglich ist, bis der noch übrige Schein der Trennung von selbst verschwände *). Die kleinen Eigenthümlichkeiten der Lehre und der Ansicht mögen immer fortbestehen, und je freier man sie gewähren läßt, desto besser; mag eine Gemeinde Kerzen haben und Kreuze und die andere keine, und eine Gemeinde das Mahl des Herrn mit Oblaten feiern und die andere mit Brodt **), eben so gut wie die eine ihren Geistlichen im Chorhemde sieht und die andere nicht, die eine Privatbeichte hat die andere nicht; warum aber deshalb, zum offenbaren Schaden des größeren, was sie gemeinsames haben, ihre Geistlichen nicht zusammentreten sollen

*) Ueber die Wünschenswürdigkeit einer vollständigeren Vereinigung beider Kirchen in unserem Lande und über die rechte Art derselben, habe ich meine Meinung schon vor vierzehn Jahren öffentlich gesagt, und es ist hier nicht der Ort, diese Sache wieder aufzunehmen.

**) Denn wie auch berühmte und hochangesehene Geistliche auf diese Kleinigkeit einen Werth legen, und einen eifrigen Wunsch äußern können, daß alle Protestanten bald möchten Ein Unservater haben und Ein Brodt, das ist mir zu hoch.

und auch ihre Synodalberathungen und Geschäfte mit einander theilen, wer mir das begreiflich machen sollte, würde ein schweres Geschäft haben. Ja endlich kann es denn mit dieser äußern Selbständigkeit durch die Trennung der Synoden auf den erwünschten Punkt kommen, so lange doch die geistlichen Behörden so zusammengesezt bleiben wie sie jezt sind? erscheint bei dem gegenwärtigen Verhältniß der Kirche zum Staat diejenige Kirche selbständig, die nicht ihre eigene abgesonderte Behörde hat? Ganz anders ist es freilich mit der katholischen Kirche, deren Selbständigkeit in dem bischöflichen System ruht, und mit der mährischen Brüdergemeinde die in einem ähnlichen Verhältniß steht. Wir aber, die nichts dergleichen haben, können schon seit der Aufhebung unseres Kirchendirectoriums von einer äußern Selbständigkeit beider protestantischen Kirchen in ihrem Gegensaz gegen einander in unserem Staat nicht mehr reden, und wir würden durch die Trennung der Synoden in dieser Beziehung wenig oder nichts ändern, wenn jenes nicht wiederhergestellt würde. Darüber sollten wir uns nicht täuschen: und ich frage diejenigen, die eine solche Wiederherstellung wünschen, ob sie dazu irgend eine Aussicht sehen? ob sie sich verständigerweise die mindeste Hofnung dazu machen können? Ich meines Theils bin weit entfernt davon diese Wiederherstellung zu wünschen, und ich wollte nur, daß alle, die einen solchen Wunsch vielleicht noch hegen, sich doch recht lebendig vorstellen könnten, auch mit einer eigenen kirchlichen Staatsbehörde und mit eignen Synoden, was für eine höchst kleinliche Existenz wir dennoch haben würden, neben der uns überall umgebenden lutherischen Kirche, und was für ein uns selbst nothwendig ängstigendes Mißverhältniß sich darstellen würde, zwischen dem Zwekk der erreicht werden soll und den Mitteln, welche aufgewendet werden müssen, ein Mißverhältniß, welches erst durch die Synodalverfassung recht groß werden und recht ans Licht treten würde! Ja ich möchte sagen, wenn würklich, wie nicht ganz zu läugnen ist, aus der Aufhebung unserer besondern Behörde, so lange der Unterschied beider Kirchen noch nicht ganz aufgehoben ist, einige Unbequemlichkeiten entstanden sind: so kann diesen nicht besser begegnet werden, als wenn wir uns in den Synoden mit unsern Brüdern von der lutherischen Confession zu vereinigen suchen. Doch wohlverstanden nicht etwa nur deswegen, weil eine solche gänzliche Wiederherstellung der äußern Selbständigkeit doch nicht zu erwarten ist, wünsche ich die Vereinigung aller protestantischen Geistlichen ohne Unterschied der Confession in den Synoden; sondern dies war nur für diejenigen gesagt, welche etwa noch an diesem Schein hängen könnten. Die wahren Gründe aber sind die tiefer in der Natur der Sache liegenden, die ich genugsam glaube ans Licht gesezt zu haben. Ist nun die Vereinigung so wichtig und wünschenswerth: so kommt freilich für die Beschleunigung der Sache sehr viel darauf an, wie die Stimmen darüber abgehört werden. Denn offenbar können die Synoden nicht ehe eröffnet werden bis dieser Punkt entschieden ist; und da Sr. Majestät der König erklärt hat darüber nichts entscheiden zu wollen, also auch die Entscheidung nicht den Behörden überlassen, sondern sie dem guten Willen der Geistlichkeit anheimgestellt hat, so kann die Entscheidung nur aus der gesezmäßigen Willens Erklärung der beiderseitigen Geistlichen hervorgehen, und diese ist dermalen nicht anders zu erlangen, als durch Abstimmung in den einzelnen Superintendenturen. Freilich würde die Sache noch ziemlich weitaussehend werden, wenn man mit Eröffnung der Synoden warten wollte, bis diese Abstimmung überall vollendet und darüber von den Superintendenten an die Consistorien und von diesen an das Ministerium berichtet wäre, und noch weiter, wenn man vor oder nachher erst schlichten wollte — was doch eigentlich geschehen müßte — ob man am Ende die durch Majorität entstandenen Stimmen der einzelnen Superintendenturen zusammenzählen wollte, oder vielmehr die einzelnen Stimmen für und wider aus allen Superintendenturen zusammenrechnen. Aber abgerechnet diesen Zeitverlust, so wäre es immer übel und gewiß auch der königlichen Idee, der Geistlichkeit hierin ihre Freiheit zu lassen, nicht vollkommen angemessen, wenn man auf diesem Wege einen sogenannten allgemeinen Willen zu Stande bringen wollte. Sondern theils zur Beschleunigung, theils um noch mehr Freiheit zu gewähren, und nicht vielleicht die Geistlichen einer Gegend in einer so wichtigen Sache den noch nicht ausgerotteten Vorurtheilen in andern Gegenden aufzuopfern, sollte man diesen Gegenstand in jeder Superintendentur besonders verhandeln: und wenn in einem und demselben Kreise die Geistlichen der reformirten und die der lutherischen Confession für die Vereinigung in der Synode sich erklärten, so müßte sie nun für diesen Kreis als vollzogen erklärt werden ohne alle Hinsicht darauf, ob in andern Kreisen dasselbe oder das Gegentheil erfolgt. Mit der lutherischen Geistlichkeit seiner Gegend wird doch jeder reformirte Prediger einigermaßen bekannt sein, und es wird seine Sache sein, sie der Vereinigung geneigt zu machen, wenn ihm daran gelegen ist. Dies scheint mir daher die leichteste und sicherste Weise zum Ziel zu gelangen, und gewiß der königlichen Absicht um so mehr angemessen, als auch die Bekanntmachung dieser Sache nur bei den Kreissynoden, also nicht als ob ein allgemeiner Beschluß dazu gehörte, erwähnt.

Eine andere Schwierigkeit, welche erst beseitiget werden zu müssen scheint, ehe an eine wirkliche Versammlung der Synoden gedacht werden kann, ist leider die Frage, woher die Kosten, welche dadurch verursacht werden, und welche die Geistlichen aus eigenen Mitteln im allgemeinen nicht werden bestreiten können, sollen genommen werden? Sollte freilich auch dieses erst auf allgemeine Weise festgestellt werden: so müßten aus allen Provinzen erst ohngefähre Anschläge dieser Kosten eingeben, und es müßten Ueberschläge gemacht werden, wieviel wohl dazu im Durchschnitt aus dem eigentlichen Kirchenvermögen kann genommen werden, dann erst müßten die Anschläge gewissenhaft ermäßigt, und endlich berathen und genehmiget werden, aus welchen Staatseinkünften der übrig bleibende Bedarf solle entnommen, und wie darüber seiner Zeit Rechnung abgelegt werden. Sollen wir freilich hierauf warten: so muß eine so bedeutende Zeit verstreichen, daß man lieber wünschen möchte, es wäre über diesen Gegenstand noch nichts bekannt gemacht worden, als daß das erregte Verlangen auf eine so lange und abschwächende Probe gestellt würde. Und woher sollten genauer betrachtet diese Anschläge und Berechnungen kommen, wenn man nicht weiß, wie oft die Synode um dem Zwekk zu genügen sich versammeln, und wie lange ihre Versammlungen dauern müssen, welches doch wirklich nur erst die Erfahrung ergeben kann? Muß man also nicht darauf denken, und sollte es nicht möglich sein, diese Weitläuftigkeiten vorläufig wenigstens auf eine ganz leichte Weise zu umgehen? Ist es denn nothwendig, daß alle Synoden zu gleicher Zeit zusammenkommen? Das möchte vielmehr schwierig und in mancher Hinsicht nicht rathsam sein, wenn es gleich geregelter aussieht. Wie wäre es demnach, wenn man denjenigen Synoden gestattete sich sogleich zu versammeln, welche für diesmal wenigstens auf öffentliche Unterstützung hiezu keinen Anspruch machten? Die Geistlichkeit der Haupt- und größern Städte wird theils unter sich theils mit einer ganz nahen Nachbarschaft die leicht zur Nacht die Heimath wieder erreichen, oder einer gastlichen Aufnahme im Hauptort sicher sein kann, eine Synode bilden, und da wird bei einigem guten Willen sich alles leicht in Ordnung fügen. Nur die größeren zerstreuten Superintendenturen, deren Hauptorte kleine wenig Hülfsmittel darbietende Städte sind, werden zurükbleiben. Nun aber muß doch der natürliche Gang der sein, daß alle Vorschläge jeder Synode, welche ihrer Natur nach zur Provinzialsynode kommen müssen, erst durch den General-Superintendenten allen andern Synoden mitgetheilt werden, um ihre Meinung darüber abzugeben, damit die Provinzialsynode, wenn sie sich versammelt, von der Meinung aller Synoden über die abzuhandelnden Gegenstände unterrichtet ist, indem sie sonst nur eine sehr unvollständige Basis für ihr Verfahren haben würde, und wol nicht leicht ein Superintendent sich mit Recht wird anheischig machen können zu verbürgen, was die Berathung seiner Synode für ein Resultat würde gegeben haben, wenn der Gegenstand bei ihr vorgekommen wäre. Wenn nun nur die nothgedrungen zurükkbleibenden Synoden für diesmal sich begnügten ihrerseits keine eignen Vorschläge allgemeine Angelegenheiten betreffend zu machen, sondern nur die bei ihnen eingehenden der früher versammelten zu prüfen; wenn überhaupt für das erste mal alle Synoden sich nur im wesentlichen konstituirten, und nur die wichtigsten unter den vorkommenden Vorschlägen über allgemeine innere Angelegenheiten der Kirche wirklich zur Berathung zögen, alle minder wichtigen aber und alles was nur jede Synode allein betrifft auf die zweite Versammlung aussezten: so würde auch die Dauer der ersten verkürzt, die in der That nicht abzusehen wäre, wenn alles, was jeder auf dem Herzen hat, das erste Mal sollte ausgesprochen werden; und um desto größer würde auch dadurch die Anzahl der Synoden werden, welche sich gern auf eigne Kosten zum erstenmal versammeln würden. Auf diese Weise würde doch baldmöglichst etwas geschehen: und der Eifer den die Geistlichkeit zeigte, die Wichtigkeit der zur Sprache gebrachten Gegenstände würde dann um so mehr auch die verwaltenden Behörden ergreifen, daß sie sich beeilten, den lästigen Finanzpunkt in Ordnung zu bringen, damit nicht durch dessen Verzögerung die gute und wichtige Sache in ihrem schön begonnenen Lauf zurükgehalten werde. Nimmt man nun hinzu, daß nach der ersten General-Synode, auf welcher die wichtigsten innern Angelegenheiten der Kirche billig müßten in Ordnung gebracht werden, die gewöhnlichen Kreissynoden, wenn auch nicht seltner doch gewiß kürzer sein werden als bis dahin, und daß wenn erst die Presbyterien überall eingerichtet und in frischem Gange sind, sich vielleicht auch eine größere Bereitwilligkeit in den Gemeinden zeigen wird aus dem Kirchenvermögen oder durch besondere Beiträge die Kosten der Synodalreisen dekken zu helfen: so dürften die ersten Unterstüzungen von Seiten des Staats vorläufig als vorübergehende auf einen außerordentlichen Fonds können angewiesen werden, und würden vielleicht um so eher zu beschaffen sein.

Dies führt mich auf eine andere Frage, ob es nemlich nothwendig ist, daß überall die Einrichtung der

Presbyterien den Zusammenkünften der Synoden vorangehn müssen. Man könnte dies leicht schließen daraus, daß in den officiellen Bekanntmachungen die Bildung der Presbyterien an die Spize gestellt ist; und wäre dem wirklich so, so würde daraus freilich, da in vielen Gegenden noch keine Presbyterien bestehen, und die bestehenden wol nirgends so zusammengesezt sind, wie sie es in Beziehung auf die Synodalverfassung eigentlich sein müßten, ein neuer Verzögerungsgrund für die Synoden entstehen. — Offenbar nun ist das mit großer Weisheit bedacht, daß die Presbyterien das erste sind, wovon in den Grundzügen der neuen Kirchenverfassung die Rede ist. Wie in einer wahrhaft freien auf Eifer und Liebe berechneten Staatsverfassung alles auf einem freien und lebendigen Gemeindewesen beruht, aus diesem aller wahre Antheil an der Gesezgebung sich entwikkelt, in diesem auch die Verwaltung ihre eigentliche Kraft und Stüze findet: so würde es auch ganz vergebliche Mühe sein an der Verfassung der Geistlichkeit zu rühren und zu bessern, wenn nicht ein wohleingerichtetes christliches Gemeindewesen dabei zum Grunde gelegt würde. Die protestantische Kirche ist und besteht der Wahrheit nach in der Gesammtheit der protestantischen Gemeinden, und die Geistlichen sind nur deren Diener. Was könnte es also helfen, wenn die Geistlichkeit noch so vortrefflich eingerichtet wäre und noch so fest verbunden, so daß jeder Einzelne von allem Eifer und aller Einsicht, die in der ganzen Körperschaft vorhanden ist, in seinem Amt durchdrungen und geführt wäre, der Zusammenhang der Geistlichen mit ihren Gemeinen wäre aber nicht inniger und genauer, als er, wie man allgemein klagt, seit langer Zeit gewesen ist, und in den Gemeinen selbst wäre so wenig ein ächt evangelisch kirchliches Leben als bisher.

Dies kann sich aber weder entwikkeln noch zeigen, wenn die Gemeindeglieder unter sich als solche in gar keiner Verbindung stehen, wenn die Gemeine keine Form hat in der und keine Wortführer durch die sie sich aussprechen kann, sondern in allen kirchlichen Angelegenheiten jeder Einzelne entweder nur für sich allein auftreten muß, was natürlich jeder scheut, es mag von Wünschen oder von Beschwerden die Rede sein, oder alles Zusammentreten Einzelner nur als Zusammenrottung erscheinen kann. Wir Geistliche können, wenn es uns Ernst ist um eine gesegnete Amtsführung, nichts sehnlicher und dringender wünschen, als in einer wohleingerichteten auf der freien Wahl der Gemeine ruhenden und nicht zu kleinen Aeltestenversammlung uns mit der Gemeine enger zu verbinden, sie in den Zusammenhang unserer ganzen Amtsführung tiefer hineinschauen zu lassen,*), ihr Urtheil über uns auf die freieste Weise zu berichtigen und immer klar und sicher zu erhalten, was auf den Synoden in kirchlichen Angelegenheiten beschlossen wird, ihr mit seinen Gründen anschaulich zu machen und ihren Eifer dafür zu erregen, und zugleich der Welt zu beweisen, daß vieles was wir lange vergeblich gewünscht haben für die Würde des Gottesdienstes, für die Aufrechthaltung kirchlicher Freiheit auch in Beziehung auf unchristliche Handlungen und Verhältnisse, daß dieses nicht unsere allein, sondern die Wünsche der christlichen Gemeinen selbst sind, denen es lei-

*) In manchen Gemeinen bestand sonst die Einrichtung, daß jede Woche abwechselnd ein Aeltester den Pfarrer zu allen seinen Amtshandlungen begleitete; eine zwar des Zeitaufwandes wegen beschwerliche und bei großen Gemeinen nicht leicht zu erneuernde aber an sich schöne und gute Sitte.

leider nur an einer anerkannten und gesezmäßigen Form bisher fehlte um ans Licht zu treten. Haben wir solche Presbyterien, dann erscheinen auch wir selbst auf den Synoden nicht nur in unserer eigenen Person, sondern als durch sie Beauftragte unserer Gemeinen, also offenbar in einem größeren und würdigeren Charakter; und manches wird mehr Kraft und Nachdrukk haben, wenn wir es so vortragen können, als wenn es nur als unser eigener Gedanke erscheinen muß. Ja ich würde es sehr zwekmäßig finden, wenn in der Folge — nicht von allen Gemeinen, denn das würde die Versammlung zu zahlreich machen, aber abwechselnd von einzelnen — auch auf den Synoden selbst Abgeordnete aus dem Collegium der Aeltesten zugelassen würden, um sich von dem Gange der Verhandlungen zu überzeugen, und um auf Befragen sowol über das, was ihre Gemeine besonders betrifft Auskunft zu geben, als auch über andere in ihrem Bereich liegende Gegenstände ihre Meinung zu sagen. *) — Dieses alles aber vorausgesezt scheint mir demohnerachtet nicht nothwendig, daß die erste Versammlung der Kreissynoden darauf warten müsse, daß die Presbyterien erst eingerichtet seien; denn in dieser Hinsicht werden sie doch nicht gleich, sondern erst wenn sie in ihr Geschäft mehr eingeübt sind, ihren Nuzen beweisen können. und so lange dürfen wol die Synoden nicht ausgesezt bleiben.

Nach diesem aber bleibt meines Erachtens nur noch ein Punkt übrig, der Verzögerung verursachen

*) In der rheinischen Geistlichkeit ist der Wunsch geäußert worden, die Synoden möchten zu gleichen Theilen aus Pfarrern und Gemeinältesten zusamme gesezt werden. Das dürfte aber bei uns zu viel sein, und große Schwierigkeiten haben.

kann; nämlich die in den officiellen Bekanntmachungen verheißene Synodalordnung, welche erst von der geistlichen Oberbehörde entworfen, berathen, und vielleicht erst allerhöchsten Ortes vorgelegt und genehmigt werden muß. Hier entsteht nun freilich zuerst die Frage, was denn diese erwähnte Synodalordnung eigentlich sein und leisten soll? Zweierlei ist offenbar noch nothwendig. Denn niemand wird glauben können, daß die bisherigen Bekanntmachungen einzelner provinzieller Behörden, welche aus dem höheren Befehl nicht einmal dieselben Punkte gleichmäßig hervorgehoben haben, und in denen der Synoden in Gemeinschaft mit mehreren andern kirchlichen Angelegenheiten erwähnt wird, schon die gehörige und hinreichende Form sei, um diese neue für die gesammte evangelische Kirche des ganzen Landes geltende Einrichtung wirklich einzuführen; sondern jeder wird noch einen allgemeinen von der höchsten Autorität unmittelbar ausgehenden, also von des Königs Majestät Höchstselbst vollzogenen Erlaß hierüber erwarten. Hiezu kommt noch die bis jezt statt findende Unbestimmtheit sehr wichtiger Punkte, und zwar solcher Punkte, auf denen das Rechtsverhältniß der in einander eingreifenden Institute beruht. So zum Beispiel erhellt aus den bisherigen Bekanntmachungen noch nicht, ob die Kreissynoden definitiv die Disciplin über die Geistlichen und Kandidaten ausüben, oder ob von ihnen auch in den durch Zurechtweisung und Ermahnung abzumachenden Fällen, die also nicht vors Consistorium gehören, doch vielleicht eine Berufung auf die Provinzialsynoden Statt findet; auch nicht ob und wie die Kreissynoden die Aufsicht über den Religionsunterricht in den Gymnasien führen, und in welchem Verhältniß sie zu den Directoren derselben stehen sollen. Eben so wenig erhellt, ob die Provinzialsynoden bloß die Vorschläge der Kreissynoden prüfen, oder ob sie auch eigne Vorschläge machen können; auch nicht ob sie Vorschläge der Kreissynoden durch bloße Stimmenmehrheit verwerfen können, oder ob sie auch die nicht durch die Mehrheit gebilligten dennoch in ihrem Bericht an die Behörde mit aufführen müssen, wie es von den Consistorien scheint, daß sie, auch zur Prüfung berufen, nichts verwerfen, sondern alle Vorschläge der Provinzial-Synoden dem Ministerium des Innern einreichen sollen. Endlich erfahren wir auch nicht, wie die General-Synode gebildet werden soll, ob nach Analogie der Provinzialsynoden nur aus den noch zu ernennenden General-Superintendenten allein oder anders. Da nun hier neue Rechtsverhältnisse auf eine feste und Vertrauen auf das Bestehen der Sache einflößende Weise müssen bestimmt werden: so kann dies nicht durch eine bloß reglementarische Verfügung der verwaltenden Behörden geschehen; sondern ein allgemeines organisches Gesez, wodurch das ganze Synodalwesen installirt wird, ist also auf jeden Fall noch unentbehrlich, und gehört, wie es scheint, seiner Natur nach in die Klasse derjenigen Verfügungen, welche beim Staatsrath zur Berathung müssen vorgelegt werden. Was dürfte man auch von den Synoden Großes erwarten, wenn sie nicht unter dieser höchsten Gewährleistung auftreten könnten? und wozu wäre auch bei dem Staatsrath eine eigne Abtheilung für das Kirchen- und Unterrichtswesen gebildet, wenn ein Gegenstand wie dieser sollte seiner Kenntniß entzogen und gleichsam hinter seinem Rükken durch Erlasse der Provinzialbehörden sollte erschaffen werden können? Ist nun unter der in den Bekanntmachungen erwähnten Synodalordnung dieses Gesez gemeint: so ist der Weg, den dasselbe bis zur endlichen Vollziehung zu machen hat, noch lang genug, und es könnte noch eine ziemliche Zeit bis zur Versammlung der Synoden vergehen, wenn diese hierauf warten sollten. Allein dies scheint wirklich nicht nöthig. Alles, was in diesem Gesez noch näher bestimmt werden muß, findet erst seine Anwendung, wenn die Provinzialsynoden zusammenkommen; und da die Kreissynoden, wie schon bemerkt ist, vorher zweimal sich versammeln müssen, wenn anders die ganze Geistlichkeit in zwekmäßige Berührung unter sich gesezt werden soll, so könnte immer vorher mit diesen der Anfang gemacht werden, um den ersten Eifer nicht ungenuzt verrauchen zu lassen. Außer diesem Gesez bedarf es aber allerdings zweitens noch einer reglementarischen Verfügung, einer Hausordnung gleichsam für die verschiedenen Synoden selbst über die Art ihrer Zusammenberufung, die Ordnung ihrer Geschäfte, die Redaction ihrer Beschlüsse und was sonst hierhin gehört. Ist diese gemeint in den Bekanntmachungen, und das scheint fast aus der Stellung dieser Erwähnung: so muß eine solche Ordnung freilich vor Eröffnung der Synoden da sein; allein es ist gewiß besser, wenn sie vor der Hand nur vorläufig ist, da sich in manchen Stükken das zwekmäßigste erst durch die Erfahrung ergeben wird. Auch ist gewiß fürs erste und vielleicht überhaupt nicht nothwendig, daß eine solche Anordnung allgemein sei, denn die verschiedenen Verhältnisse und Einrichtungen in einzelnen Provinzen können manche Abweichungen wünschenswerth machen. Und warum sollte auch in solchen doch nur äußerlichen Dingen alles durchaus in Eine Form gegossen werden? Also könnten füglich die Consistorien, oder unter ihrer Genehmigung die einzelnen General-Superintendenten eine vorläufige Ordnung entwerfen, wozu wenig Zeit gehören möchte, da ihnen alle Verhältnisse, die sie zu beachten haben, klar vor Augen liegen müssen, und deshalb also könnten die Kreissynoden sehr bald zusammenkommen.

Wenn also in der Natur der Sache keine bedeutenden Verzögerungen liegen, sondern, wenn es allen Theilen Ernst ist, diese wichtige Einrichtung ihre Wirksamkeit sehr bald wenigstens beginnen kann: haben wir etwa zu besorgen, daß von irgend einer Seite unnöthige Verzögerungen werden gemacht werden? Hierbei nun kann ich nicht umhin, einer ungünstigen aber meiner Ueberzeugung nach irrigen Vorstellung zu erwähnen, welche sich bei manchen einzuschleichen scheint. Nemlich die meisten der würdigen Männer, welche neuerlich die Idee der Synodalverfassung in öffentlichen Schriften ausgebildet haben, sind von der Vorstellung ausgegangen, daß Synodalverfassung und Consistorien als vom Staat geordnete kirchliche Behörden sich nicht mit einander vertragen; und soviel mag auch wol richtig sein, daß wer eine Verfassung der Kirche rein von Anfang an einzurichten hätte, wol schwerlich beides neben einander hinstellen würde. Nun aber besteht unter uns die Consistorialverfassung, sie ist, wiewol sie neuerlich kurz hinter einander mehrere Veränderungen erfahren hat, ihrem Wesen nach tief in unsre ganze Staatsverwaltung eingewurzelt, und was uns jezt geboten wird, konnte daher sehr natürlich nur eine Synodalverfassung neben der Consistorialverfassung sein. Deshalb scheinen nun in der That manche zu besorgen, durch diese Zusammenstellung würde die ganze Synodalverfassung zu einer halben Maaßregel werden, welche wenig Erfolg haben könne. Es müßten nothwendig unangenehme Reibungen und zerstörende Gegenwirkungen entstehen; jedes dieser Elemente müsse das andere zu beschränken und zu untergraben suchen; und da die

Synodalverfassung sich erst bilden solle, die Consistorien aber schon im Besitz wären, so würden diese auch ohne allen bösen Willen durch ihre Stellung immer Ursache werden, daß jene nie zu ihrer rechten Reife und Vollständigkeit gedeihen könne, und dies würde sich zuerst dadurch zeigen, daß von den Consistorien mancherlei Hindernisse und Erschwerungen der baldigen Eröfnung der Synoden ausgehen würden. Diese Besorgniß laßt uns doch etwas näher beleuchten. Es kann hier natürlich von dem persönlichen Charakter der Männer, welche unsere Consistorien bilden, nicht die Rede sein; sondern wie es wunderlich wäre, und nur als eine übelangebrachte Artigkeit erscheinen würde, wenn ich mich auf den bekannten Charakter dieser Männer berufen wollte, daß von ihnen gewiß nichts dem wahren Wohl der Kirche zuwiderlaufendes zu erwarten wäre, fast so, als wenn man sich auf den persönlichen Charakter eines Fürsten beruft, um zu beweisen, daß ein Land keiner festen Verfassung bedürfe; so wäre es auch wunderlich, wenn jemand, was ich über das Verhältniß selbst sagen werde, als eine Vertheidigung der persönlichen Charaktere ansehen wollte, die einer solchen gewiß nicht bedürfen. Es ist wahr, daß man öfters geklagt hat in öffentlichen Schriften und im Gespräch, daß — um von früheren Zeiten nicht zu reden — wenigstens seit der Zeit, daß man wieder angefangen habe unter uns für die kirchlichen Angelegenheiten eine wärmere Theilnahme zu zeigen und ins Große gehende Verbesserungen zu wünschen, die Consistorialverfassung weder in ihrer älteren Gestalt, wie sie auch vor dem Jahre 1806 bestand, noch in ihrer neueren, seitdem unsere Verwaltung angefangen hat, andere Formen oft ziemlich schnell wechselnd anzunehmen, sich sehr wirksam gezeigt hat, diese Wünsche in Erfüllung zu bringen. Vorschläge genug sind den Behörden von Einzelnen zugeströmt; aber von den Behörden ist bis jezt weder selbst etwas großes und bedeutendes bewerkstelliget worden, noch sind aus ihren Berathungen über jene Vorschläge sichtbare Resultate hervorgegangen. Und so könnte man freilich folgern, ist dieses zu erklären aus der Ueberzeugung der Behörden, daß der gegenwärtige Zustand gut ist: so befinden sie sich ia sichtbar im Widerspruch mit den herrschenden Ansichten und den allgemeinen Wünschen der Geistlichen, und werden also alles anwenden, um auch auf die Vorschläge der Synoden eben so wenig Rüksicht nehmen zu dürfen, wie bisher auf die der Einzelnen. Ist aber diese Unthätigkeit der Behörden daraus zu erklären, daß sie zwar den gegenwärtigen Zustand für nichts weniger als vortreflich halten, aber daß sie alle wohlgemeinten Vorschläge Einzelner unausführbar gefunden haben, und daß sie überzeugt sind, es sey jezt und vielleicht noch lange Zeit durchaus unmöglich, etwas gründlich helfendes wirklich auszuführen: wolan so haben sie alle Ursache, ähnliche Vorschläge auch von den Synoden zu erwarten, und können also keinen Beruf fühlen, den Zusammentritt derselben zu beschleunigen, so wie sie ihnen auch hernach den möglichsten Widerstand entgegensezen werden, nicht bloß um sich wegen ihrer eignen bisherigen Unthätigkeit zu rechtfertigen, sondern aus reiner Ueberzeugung. Mit erschwerenden Berichten werden sie überall die Vorschläge der Synoden begleiten, die also höheren Ortes nur erscheinen müssen als Versammlungen von vielleicht wohlmeinenden Männern, die aber, außer Stande das Ganze zu übersehen, unbekannt mit dem geringen Umfang der äußeren Hülfsmittel, übersehend die Hindernisse, die theils in den bürgerlichen Verhältnissen, theils in der nothwendigen Sorge des Staates für die geistige Freiheit gegründet wären, doch mit ihren Wünschen und Ansprüchen, bis auf Kleinigkeiten, nur könnten zur Ruhe verwiesen werden. Dies alles befürchten freilich Manche; allein wenn wir auf die Zusammensezung und die Geschichte unserer kirchlichen Behörden sehen: so müssen wir sagen, es gestaltet sich eine ganz andere Aussicht dieser gegenüber. In der Zeit vor dem öffentlichen Unglükk des Jahres 1806 waren die Wünsche für kirchliche Verbesserungen nur einzelne Stimmen, und niemand kann es wol in der damaligen Lage der Dinge den kirchlichen Behörden vorwerfen, daß nichts großes geschah; Verbesserungen im Schulwesen, fortgesezte Annäherungen der beiden protestantischen Confessionen waren die löblichen Gegenstände, mit denen sie sich damals am meisten beschäftigten. Nach dem unglücklichen Kriege und Frieden, als man sich die Wurzel aller Uebel nicht länger verbergen konnte, und als der Trost des Glaubens und der Frömmigkeit Allen der nächste war, da wurden die Wünsche allgemeiner, daß es möglich sein möchte die fast erstorbene Kirche zu einem kräftigen Leben zurükzurufen. Von dieser Zeit an können wir eigentlich erst fragen, was haben die kirchlichen Behörden gethan oder nicht gethan? Aber welche Zeiten, welche allgemeinen Bedrängnisse können sie zu ihrer Rechtfertigung anführen, welche schnell wechselnde Formen und Oberhäupter der Staatsverwaltung, die zugleich mit soviel andern großen und schweren Geschäften belastet waren, seitdem die Angelegenheiten der Kirche und der Schule nicht mehr von einem eignen Staatsminister geleitet wurden! Dieses lezte besonders erschien vielen als ein Unglükk, und war allerdings vielleicht auch Mitursache, daß nicht schneller zu kirchlichen Verbesserungen vorgeschritten werden konnte. Seitdem aber auch nur von fern der Gedanke einer Synodalverfassung für unsere Landeskirche aufgeregt wurde — und auch das ist vielleicht schon mehrere Jahre her, und vielleicht schon lange vor jener Zusammenkunft märkischer Superintendenten im Ministerium des Innern die Rede davon gewesen — muß man es nicht den Behörden zum Verdienst anrechnen, daß sie seitdem nur dieses im Auge behalten, und eben deshalb nicht geeilt haben andere Verbesserungen selbst anzuregen und auszuführen, sondern nur gesucht diese Verfassung im Stillen und soviel es die Umstände gestatten wollten vorzubereiten? Betrachten wir nun die Sache so: so müssen wir gestehen, es ist gar kein Grund bei unsern Consistorien und der kirchlichen Abtheilung im Ministerium des Innern weder eine Ueberzeugung von der Vortreflichkeit unseres gegenwärtigen kirchlichen Zustandes noch von der Unausführbarkeit der gewünschten Verbesserungen vorauszusezen. Ja wenn auch die leztere Ueberzeugung weit genug verbreitet wäre, welches viele zu glauben scheinen, so ist sie gewiß mehr in den weltlichen Mitgliedern dieser Behörden als in den geistlichen, und sie muß der Natur der Sache nach, sobald die Synodalverfassung in Thätigkeit tritt, allmählig abnehmen. Denn wenn wir bedenken, was für eine Last bis jezt auf unsern Consistorien ruht, wie ihnen noch außerdem ihre Thätigkeit bedeutend erschwert wird durch das vielleicht überhaupt nicht günstige auf jeden Fall aber schwierige und wie es scheint noch nicht genau bestimmte Verhältniß zu den Regierungen: so dürften wir uns freilich nicht wundern, wenn ihnen vieles schwierig und unausführbar erschienen wäre. Aber wird sich dieses nicht je länger je mehr verlieren, wenn ihnen ein großer Theil ihrer Last durch die Synodalverfassung abgenommen wird? Und müssen sie sich nicht einer Organisation freuen, die ihnen solche Erleichterung verschafft? und werden sie nicht natürlich auch ihrerseits geneigt sein ihr wieder zu Hülfe zu kommen? Und sollte gar die Meinung dahin gehen, daß künftig alle kirchlichen Gesezesvorschläge erst durch die Synoden durchgehn müßten, dann müßte die ganze kirchliche Staatsbehörde sich freuen, zu eben der Ruhe und Sicherheit gelangt zu sein, wie eine Regierung, der eine gesezgebende Versammlung zur Seite steht, und die nun in innern Angelegenheiten weit weniger in den Fall kommt sich Vorwürfe machen zu müssen. Sollte sie also nicht die Synoden, die ihr dieses zubringen und sichern, aufs kräftigste und redlichste unterstüzen? Ja, wenn es gegründet wäre, was man oft geklagt hat, die Consistorialverfassung könne deshalb nicht kräftig das Heil der Kirche fördern, weil natürlich darin die weltlichen Mitglieder, die alles zu sehr aus dem rechtlichen und polizeilichen Gesichtspunkt anzusehen gewohnt wären, ein großes Uebergewicht hätten über die geistlichen: so könnte sich eben auch dieses leicht ändern, wenn diese geistlichen Mitglieder der Consistorien, nachdem sie als Pfarrer *) zu den Beschlüssen der Synode mitgewirkt, und in dem Gefühl, daß diese hoffen durch sie auch in den Consistorien vertreten zu werden, dort erscheinen anders angesehen von ihren Amtsgenossen

---

*) Ich sage ausdrükklich als Pfarrer; denn wahrscheinlich wird man es sich von Einführung der Synodalverfassung an zum Gesez machen nicht Superintendenten noch weniger etwa General-Superintendenten, da diese ja die Geistlichkeit der Provinz gegen die kirchlichen Staatsbehörden vertreten sollen, zu Mitgliedern der Consistorien oder zu geistlichen Räthen beim Ministerium des Innern zu machen.

und auch sich selbst anders betrachtend. Denn es ist wohl nicht denkbar, daß sie ganz im Gegentheil in den Synoden selbst sich mehr sollten als Bevollmächtigte der Consistorien ansehn, und die Rücksichten und Schwierigkeiten der administrativen Formen, oder gar die Rücksichten auf die persönlichen Gesinnungen und Meinungen ihrer weltlichen Amtsgenossen und Vorgesetzten mit hineinbringen wollen; gewiß so werden sich Geistliche mitten unter ihren Brüdern von der Mehrheit derselben und von ihrem gemeinschaftlichen theuersten Interesse, dem für die Kirche nicht trennen wollen. Dieses was hier von den Verhältnissen dieser Behörden überhaupt und ihrer geistlichen Mitglieder insonderheit dargestellt ist, zusammengenommen mit der großen Autorität ihrer Häupter der Oberpräsidenten in der Provinz, wie kann man zweifeln, daß die Consistorien nicht sollten mit der besten Gesinnung in die neue Einrichtung eingehen, daß sie nicht sollten die nothwendigen Vorbereitungen mit dem größten Eifer betreiben, so weit sie nur irgend dazu mit hinreichenden Vorschriften und Vollmachten versehen sind. Und je mehr die möglichst schnelle und förderliche Errichtung der Synoden ihr Werk ist, desto mehr wird auch wieder die Geistlichkeit ihnen verbunden und anhänglich sein, und so haben wir alle Ursache, auch nachher auf das beste Verständniß beider Theile zu rechnen, auf ein williges Zusammenwirken der beiderseitigen Einsichten, und auf einen gemeinschaftlichen Eifer für das Wohl der Kirche. Daß aber die Consistorien nicht sollten von der höchsten Behörde mit hinreichenden Vorschriften für die erste Einleitung noch vor der Bekanntmachung des königlichen Beschlusses versehen worden sein, das kann doch vernünftigerweise niemand bezweifeln; und so wird der

Erfolg selbst diese Besorgniß vielleicht noch eher heben als diese Blätter öffentlich erscheinen.

Haben wir nun keine lange Verzögerung zu erwarten, so fällt auch jene freilich vorzüglich drükkende Besorgniß weg, die nur aus ein paar einzelnen Vorgängen bei Vielen entstanden zu sein scheint, als ob vielleicht in der Zwischenzeit noch gar manches in den Angelegenheiten der Kirche den innern zumal möchte entschieden werden, ohne die Arbeiten der Synoden abzuwarten. Es wäre ja der wunderlichste Widerspruch, der Kirche eine gewissermaßen selbständige Verfassung zu geben, vorher aber alle ihre Angelegenheiten oder wenigstens die inneren völlig in Ordnung zu bringen, so daß die neuen Vertreter der Kirche nichts mehr zu thun fänden. Von der höchsten kirchlichen Behörde ist ohnehin ein solches plözliches Einschreiten mit Verbesserungen, das unter diesen Umständen fast gewaltsam wäre, gewiß nicht zu erwarten, und was einzelne Kirchenministerien zufolge unabweisbarer Veranlassungen gethan haben, wird doch gewiß ohne Folge für das Ganze bleiben, und sich vielleicht mit der Zeit selbst wieder dem allgemein von den Synoden beschlossenen fügen und einordnen.

Eine andere Vorstellung indeß, welche, wie ich vernehme, schon manche seit der amtlichen Bekanntmachung beunruhigt hat, die sich sonst sehr des großen Feldes erfreuten, das ihrer Wirksamkeit durch die Synoden eröfnet werden sollte, ist die, daß unerwarteterweise etwas mit hineingezogen ist, wodurch das gute Gedeihen dieser Zusammenkünfte gar sehr scheint gefährdet zu werden. Es ist nemlich nicht zu läugnen, daß in jenen Bekanntmachungen unter den Geschäften der Synoden die Berathung dessen was zur Einigkeit in der Lehre und Liturgie gehört, gar sehr hervorgehoben ist, so daß es allerdings scheint, als ob hierin vorzüglich die innern Angelegenheiten der Kirche beständen, die doch offenbar den Synoden das wichtigste sein und bleiben müssen. Sollten nun die Synoden vorzüglich daran arbeiten eine Einheit des Lehrbegrifs in der evangelischen Kirche unsers Landes hervorzubringen: so gäbe das allerdings traurige Aussichten für alle ihre übrigen so sehr wichtigen Arbeiten. Denn wenn man bedenkt, aus wie verschiedenen theologischen Schulen die jezt lehrende Geistlichkeit hervorgegangen ist, wie weit die Meinungen über sehr viele einzelne Gegenstände nicht nur, sondern über den ganzen Charakter der geoffenbarten Religion noch immer auseinander gehen: so würde für alle andere Berathungen, die zu wirklich erfreulichen Resultaten führen könnten, nicht nur keine Zeit übrig bleiben, sondern auch die Gemüther dafür ganz verstimmt sein. Allein dies ist gewiß wenigstens Sr. Majestät des Königs Meinung nicht, weil Er ja sonst nicht einmal den Wunsch hätte äußern können, daß reformirte und lutherische Geistliche sich auf den Synoden vereinigen sollten. Denn in der Lehre sind doch einmal beide Kirchen von einander durch ihre verschiedenen Symbole getrennt. Ueber diese kann also kein Theil dem andern ein Recht mitzusprechen gestatten, ja nicht einmal zu bestimmen, in wiefern irgend ein Lehrpunkt mit den eigentlichen Differenzpunkten beider Kirchen genau zusammenhängt oder nicht. Ueber alle hieher gehörige Gegenstände müßten also die Synoden immer in Theile gehen, und was würde es also helfen die Geistlichen beider Confessionen in eine Synode zu vereinigen, wenn sie in Absicht auf dasjenige, was der wichtigste Gegenstand ihrer Berathschlagung sein soll, doch nur getrennt wirken könnten? Oder soll etwa eine Einheit in der Lehre für die ganze evangelische Kirche des Landes bewirkt und also die Lehrunterschiede beider Kirchen ausgeglichen und aufgehoben werden: so könnte ja dies unmöglich auf den Synoden geschehen, die nur durch Stimmenmehrheit beschließen können, und auf denen überall die Reformirten die so sehr entschiedene Minderzahl ausmachen werden. Also was diesen Punkt betrifft wollen wir uns ja nicht durch den Buchstaben der amtlichen Bekanntmachungen gefangen nehmen lassen, sondern lieber annehmen, dieser Punkt von der Erhaltung der Einigkeit der Lehre sei nur als ein einzelnes Beispiel von dem, was unter innern Angelegenheiten der Kirche zu verstehen sei, angeführt, und diese ganze Stelle würde wahrscheinlich anders lauten, wenn wir entweder den Königlichen Cabinetsbefehl vollständig vor uns hätten, oder auch wiederum auf eine andere Art, wenn die geistliche Behörde ihre Bekanntmachung ganz unabhängig von jenem abgefaßt hätte. Denn, wenn wir uns aufrichtig fragen, hat denn die Erhaltung der Einigkeit in der Lehre ein so großes Interesse für die Synoden, daß sie sie für ihre Hauptsache halten müßten? und werden sie im Stande sein, Maßregeln zur Erhaltung dieser Einigkeit zu treffen? so werden wir uns, wenn wir ehrlich sein, und uns von dem richtigen Standpunkt für diese Sache nicht verirren wollen, beide Fragen grade heraus verneinen müssen. Weshalb ein großer Theil frommer und eifriger Geistlichen seit langer Zeit eine Synodaleinrichtung so sehnlich gewünscht hat, das war gewiß nicht um dadurch dogmatische Abweichungen auszugleichen, und Mannigfaltigkeiten in der Lehre, die seit langer Zeit in der protestantischen Kirche entstanden sind, auf eine Einheit zurückzuführen; nicht um solcher Zwekke willen, die dem eigentlichen Beruf christlicher Seelsorger fern genug liegen, haben sie einen solchen Verein gewünscht.

Denn dogmatische Abweichungen sofern sie theils in öffentlichen Schriften, welche einen gelehrten und wissenschaftlichen Charakter entweder wirklich an sich tragen oder wenigstens Anspruch darauf machen, theils auch auf dem akademischen Katheder vorgetragen werden, interessiren die Verkündiger des göttlichen Wortes auf den christlichen Kanzeln zur Erbauung der christlichen Gemeinen nur sehr wenig; und Neun Zehntheile aller evangelischen Pfarrer werden gestehen müssen, daß sie von diesen Erzeugnissen der gelehrten Welt in dem Sinn und Leben ihrer Gemeinen gar keine störenden Wirkungen spüren. Oder wenn ja etwas davon in das Gespräch des Volkes sich verliert, und das Gehörte oder Gelesene anfängt mit dem, was der Geistliche vorträgt, verglichen zu werden: so wird diesem, wenn er wirklich nur irgend mit seiner Gemeine lebt und sich ihres Vertrauens erfreut, leicht werden, allen Schaden, der seiner Amtsführung und ihren Früchten zur wahren christlichen Erbauung daraus erwachsen könnte, abzuwenden. Und gelingt dennoch dies einem nicht: so muß man ihm nur rathen die Schuld bei sich zu suchen und an sich selbst zu bessern, keinesweges aber einen solchen in dem abentheuerlichen Verlangen unterstüzen, daß ihm um seiner Ungeschikklichkeit willen, daß ich es nur aufs gelindeste benenne, ein Recht gegeben werde, diese Unbill an die versammmelte Geistlichkeit zu bringen, und durch deren Beschluß oder Einfluß die im allgemeinen so nothwendige und auch für das höhere Wohl des Christenthums so wichtige Freiheit der öffentlichen Untersuchung irgend zu gefährden. Daß die Meinung des Königes gewiß nicht gewesen ist, die Synoden hierauf anzuweisen, geht auch aus der befohlenen Einrichtung derselben sattsam hervor. Das öffentliche wissenschaftliche Schriftverkehr über religiöse Gegenstände ist ein gemeinsames Gebiet für die eigentlichen Kirchendiener und für die Doctoren der Theologie und, wie es immer auch gegeben hat, noch andere theologische Schriftsteller außerhalb des Klerus. Sollte nun in den Synoden über dasjenige gerichtet werden, was in diesem Schriftverkehr etwa unpassendes und unheilsames vorkommt: so könnten doch offenbar die Pfarrer nicht allein zu Gericht sizen, sondern jene müßten mit zugezogen werden. Davon ist aber nirgends die Rede, und kein Wort gesagt, daß die Professoren und Doctoren der Theologie sollten Mitglieder der Synoden sein, wiewol dieses sonst in vieler Hinsicht lehrreich und förderlich sein könnte, noch weniger, daß weltliche, mögen sie auch noch so qualificirt sein, sollten zugezogen werden; sondern die Pfarrer allein sollen die Synoden bilden, und darum kann diesen ein Richteramt über dasjenige, was im freien Gebiet des gelehrten Publicums vorfällt, nicht zustehn. Sondern wie uns gegen eingebildete Gefahren dieser Art nichts übrig bleibt als auf demselben Wege oder sonst mit unserer persönlichen Kraft entgegen zu wirken: so würde es auch in einem Staat, der des herrlichen und sehnlich gewünschten Gutes der Preßfreiheit der Umstände wegen noch entbehrt, einer Körperschaft von Geistlichen schlecht anstehn, wenn sie den Angeber machen und Bücherverbote nachsuchen wollte; und wir würden billig auf das Beispiel von England hingewiesen werden, wo mehr als sonst irgendwo gegen das Christenthum gerichtete und sonst abweichende und eigengläubige Schriften erschienen sind, und doch weder das Christenthum geringer geachtet und unwirksamer geworden ist, noch auch das herrschende Lehrgebäude der Kirche auf diesem Wege an Anhängern verloren hat. Was aber gar den Vortrag auf dem theologischen Katheder betrifft: so hoffe ich würde keine Versammlung von

Geist-

Geistlichen, auch wenn es ihr aufgetragen ja befohlen würde, die Sorge dafür übernehmen wollen, daß dort die Einigkeit in der Lehre erhalten werde, sondern dies als etwas ganz ungehöriges von sich weisen, und eine solche Sorge überhaupt verbitten. Denn jeder Geistliche, dem es schon in seinen Universitätsjahren Ernst war mit seinem künftigen Beruf, wird, wenn er sich auch damals selbst nicht selten verwirrt fand, doch hernach inne geworden sein, wie förderlich ihm die Verschiedenheit der Lehre und Ansicht gewesen ist, und jeder, der nur immer eine und dieselbe Ansicht lebendig vortragen hören konnte, alles andere aber nur lebendig bestreiten hörte, und nur aus Büchern und Relationen eigne Kunde von anderm abweichenden erhalten konnte, wird wissen wie ihn das zurükkgebracht, und die freie Entwikklung einer eignen Gesinnung erschwert hat. Ein Theologus wird nicht anders reif denn durch Zweifel und Anfechtung; das ist ein altes wahres und herrliches Wort. Die Zweifel entstehn in einer von dem Ganzen, der jedesmaligen wissenschaftlichen Forschung mitbewegten Theologie, wie Gott sei Dank unsere protestantische immer sein und bleiben muß, doch von selbst, und daher ist nichts wünschenswerther, als daß eine jede Ansicht vorgetragen, und zwar der theologischen Jugend gerade in jenen Jahren der lebendigsten Erregung mit aller Schärfe und Strenge, deren sie fähig ist, vorgetragen werde, so es nur ernsthaft und treu von ernsten gewissenhaften und wahrheitliebenden Männern geschieht. Leichtsinnige Frevler und ungründliche Wortkrämer aber sollten freilich auf keinen akademischen Lehrstuhl auch nicht einer profanen Wissenschaft gestellt werden, wie sie denn auch selten lange darauf gedeihen; und so möge es auch den theologischen dieses Gelichters ergehen, mögen sie nun orthodox sein oder heterodox; denn es giebt deren von beider Art. Das sind freilich allbekannte und oftgesagte Wahrheiten, es scheint aber jezt mehr als je nothwendig, daß sie recht oft und schlicht wiederholt werden; und so habe ich auch hier nicht unterlassen wollen das Bekenntniß abzulegen, daß meiner Ueberzeugung nach protestantische Synoden gewissenlos handeln würden, wenn sie sich auf irgend eine Weise zu Werkzeugen brauchen ließen, um die Freiheit des öffentlichen theologischen Schriftverkehrs und des Kathedervortrags zu beeinträchtigen, eine Freiheit deren die protestantische Kirche nicht entbehren kann. Mag in der römischen Kirche ein Concilium und in der griechischen die heilige Synode über die Richtigkeit der Lehre auch in wissenschaftlicher Hinsicht entscheiden, und also über die Einigkeit derselben wachen! das rührt her aus einer Zeit, wo der Dienst des Worts in den Gemeinen und die gelehrte und philosophische Bearbeitung des Dogma in der Schule noch nicht getrennt waren, eine Trennung, die für den wahren Frieden und die wahre Freiheit der Kirche gleich ersprießlich geworden ist. Es mag auch noch gut sein für Kirchen, in denen es eine freie wissenschaftliche Bearbeitung der Theologie eigentlich gar nicht giebt, theils weil es ihnen an philosophischer und ächt historischer Richtung ganz fehlt, wie man dies denn von der griechischen Kirche unserer Zeit mit vollem Rechte sagen kann, theils weil alle Mittheilung in ihnen nur Tradition sein darf, für Kirchen also, deren Theologie als eine Nonne hinter hohen klösterlichen Mauern eingeschlossen ist! für uns ist eine solche Oberherrschaft nicht. Unsern Synoden bleibt also von der Sorge für die Einigkeit in der Lehre nichts übrig in ihren Zusammenkünften, als was sich unmittelbar auf den Gottesdienst und die übrige Amtsführung bezieht. Wenn freilich ein Diener des göttlichen Wortes auf der Kanzel oder sonst, indem er in seinem Amte redet und handelt die Gewissen verwirren wollte durch unchristliche Meinungen, die mit dem, was die Kirche selbst in andern Theilen des Gottesdienstes ausspricht, in offenbarem Widerspruch ständen; wenn er durch hartnäckiges und pflichtwidriges Schweigen von den heiligen Wahrheiten und Geschichten an den zu ihrem Gedächtniß bestimmten Tagen die Kraft des Gottesdienstes lähmen und das Verlangen nach christlicher Erbauung täuschen wollte, wenn er sich selbst bestimmt und vernehmlich verrieth als dasjenige nicht glaubend was er doch lehrt, und dadurch alle Wirksamkeit seines Amtes vernichtete und das Herz der Gemeine von sich abwendete: von solchen Vorgängen müßte dann die betreffende Synode Notiz nehmen. Aber dergleichen werden in den gegenwärtigen Zeiten selten vorkommen Gott sei Dank, und gewiß wenn die Synodaleinrichtung einige Zeit bestanden hat, und jeder Pfarrer sich minder vereinzelt fühlt, jeder mehr von einem gemeinsamen Geiste theils bewegt theils gezügelt wird, dann wahrscheinlich gar nicht mehr, so daß diese Rubrik wenig Raum einnehmen wird in den Tagebüchern der Synoden. Ist aber weniger von dem, was außerhalb der Synoden öffentlich geschieht, die Rede, sondern geht die Meinung mehr dahin, daß die Geistlichen sich unter einander freundschaftlich und gelehrt über die streitigen Glaubens und Lehrpunkte besprechen und dadurch suchen sollen auf ein gemeinschaftliches Resultat zu kommen: so würde dies zuerst nur zu den litterarischen Nebenbeschäftigungen der Synoden gehören und gar keinen officiellen Charakter haben; denn wie könnte wohl hernach die kirchliche Staatsbehörde einen dogmatischen Beschluß bestätigen? Aber ich meines theils halte es auch so nicht einmal für etwas wünschenswerthes. Denn wie eine Mannigfaltigkeit von Sprachen, so hat Gott auch eine Mannigfaltigkeit von Denkungsarten gemacht, und das Christenthum kann und soll eine Menge wie von jenen so auch von diesen unbeschadet seiner Einen göttlichen Kraft und Wirkung im Gemüth durchdringen und sich aneignen. Gesezt aber auch eine solche Einigkeit wäre wünschenswerth, so wissen wir doch wie wenig durch Disputationen und Colloquien auf diesem Gebiet immer ist ausgerichtet worden, sondern wie man auseinanderscheidet jeder bei seiner Meinung eben so fest verharrend, nur daß die Zeit verloren ist, und die Liebe erkaltet. Daher wenn ich denke, daß unsere künftigen Synoden es unternehmen wollten Gesprächsweise den großen Streit zwischen den Rationalisten und Supernaturalisten und zwischen dem Mysticismus und der moralischen Religion, und was sich untergeordnetes und kleineres daran schließt, zu schlichten: so befällt mich ein Jammer, daß ich mich lieber um jeden Preis, so weit es das Gesez nur verstattete, von so vergeblichen Bemühungen zurükkziehen möchte. Und was würde es helfen, oder würde es nicht vielmehr nur ein öffentliches Aergerniß geben, wenn nun über solche streitige Ansichten die eine Synode sich so erklärte und die andere entgegengesezt? Und soll dann per deputatos auf den Provinzial-Synoden weiter disputirt werden? Dann würde die Sache wieder ganz officiell: denn für die Provinzial-Synode wird es doch keine litterarische Nebenbeschäftigung geben sollen. Aber erledigen würden diese die Sache auch nicht, und so würde der Streit an die General-Synode kommen, und diese dann mit Aechtung der unterliegenden Parthei, – sofern sie ihr Gewissen unter den Ausspruch der Majorität nicht beugen wollte — die Lehre für das ganze Land bestimmen, und dadurch die preußische protestantische Kirche von den übrigen trennen, und sie in eine solche verwandeln, die ihren protestantischen Charakter so gut als ganz verloren hätte? Doch von dem allen kann die Rede ja gar nicht sein, und nur dieses wollte ich zeigen, und wie daher die Verhandlungen über die Einigkeit der Lehre nur sehr sparsam und nur in einem traurigen Nothfall eintreten können *). Was aber die Liturgie betrifft: so ist diese gewiß ein wichtiger Gegenstand der Berathung der Synoden, wiewol ich auch nicht sagen möchte, daß dies vorzüglich deshalb der Fall sei, um hier eine genaue Uebereinstimmung zu erzielen. Denn warum soll nicht auch hier Mannigfaltigkeit im Einzelnen neben einander bestehen, in der sich ja nur eine größere Lebendigkeit, eine genauere Anschmiegung an das eigenthümliche einzelner Gegenden und Verhältnisse also etwas sehr erfreuliches offenbart, mehr gewiß als in einer starren Einförmigkeit? Man sollte wol auch hierbei nie vergessen, daß man doch nichts allgemeines für die ganze protestantische Kirche, sondern nur für das Land feststellen könnte, und also doch in derselben Kirche neben dem festgestellten anderes immer bestehen wird, warum also nicht auch in dem Lande nach Maaß-

*) Ein solcher aber wird das Zusammenwirken lutherischer und reformirter Geistlichen nicht hindern. Die Meinungen, welche im Gottesdienst Anstoß geben, haben nichts mit den Differenzpunkten beider Confessionen zu thun, welche auf der Kanzel fast gar nicht pflegen berührt zu werden. — Dasselbe gilt auch von der Bearbeitung der Liturgie, wenn die Sache recht behandelt wird. Es werden nur einzelne Theile in den auf die sakramentlichen Handlungen sich beziehenden Formularen sein, wo beide Religionspartheien müssen in Theile gehn, und sich jeder seine eigene Bestimmung vorbehalten, wenn anders die unterscheidenden Meinungen sollen ausgedrükt werden, und man es nicht bald von beiden Theilen besser findet, dieser Meinungen, die ja doch schon seit langer Zeit von den Laien ganz unbeachtet gelassen worden, im öffentlichen Gottesdienst gar nicht zu erwähnen.

gabe des verschiedenen Charakters und der verschiedenen Observanz seiner Provinzen? Doch auch wenn man von einer solchen gänzlichen Uebereinstimmung absieht, müssen hier für die Willkühr und für die Divergenz gewisse Grenzen gezogen werden, und es eröffnet sich allerdings für die Synoden ein weites Feld oft wiederkehrender Thätigkeit: denn wer wollte sich überreden, daß hier alles könne auf einmal gemacht werden, oder daß alles werde zum erstenmal vollkommen ausfallen? Rechnet man wie billig auch die Angelegenheit der Gesangbücher hieher: so fällt dies um so mehr in die Augen. Allein vor diesem Geschäft bangt wol niemanden, sondern jeder freut sich darauf fast am meisten. An verschiedenen Ansichten wird es auch hier, wie recht und billig ist, nicht fehlen; aber sie werden theils können auf eine lehrreiche Weise ausgeglichen werden, ohne die Gemüther zu entzweien, theils werden sie ihr Recht können neben einander finden, wenn man wie zu hoffen ist, auf Mannigfaltigkeit und Reichthum liturgischer Formeln hinarbeitet. Auch hier ist daher nicht zu besorgen, daß von oben her darauf werde gedrungen werden, es solle überall alles gleichförmig sein; sondern es wird hinreichen, wenn nach Einsicht aller Vorarbeiten die General-Synode allgemeine Grundzüge aufstellt um das nothwendige und wesentliche sicher zu stellen, und die Verschiedenheit in gewissen Gränzen zu halten, innerhalb welcher Grundzüge dann die einzelnen Provinzen und Kreise frei und mit Rükksicht auf die besondern Bedürfnisse und Neigungen arbeiten können.

Außer diesem weiß ich nun nur noch eines, was ängstliche Gemüther unter den Geistlichen besorgt machen kann, ob die Einrichtung wol ihren wahren Zwekk erreichen werde, und wogegen ich auch schon mancherlei Ausstellungen gehört habe. Das ist nemlich, daß die Superintendenten, die doch eigentlich als Organe der kirchlichen Staatsbehörde anzusehen sind, den Vorsiz auf den Synoden haben, und daß die Provinzialsynoden sogar nur aus den Superintendenten bestehen sollen. Von dem ersten nemlich befürchten einige, es werde die wahre Freiheit der Berathung dadurch gefährdet werden. Der Superintendent ist der Vorgesezte seiner Synodalen, er kann jedem Einzelnen auf mancherlei Weise wehe thun. Werden also viele wagen freimüthig und gründlich seiner Meinung zu widersprechen? Der Superintendent hat dieses Ansehn, welches ihn über die andern Geistlichen seines Kreises erhebt, von der kirchlichen Staatsbehörde. Wenn also auf der Synode Anträge gemacht werden, um Abänderungen oder Declarationen einzukommen von Verfügungen, welche von den Behörden ausgegangen sind, oder auch nur Anträge zu Einrichtungen, welche die Behörden selbst billig längst hätten treffen sollen, und dergleichen kann doch öfter vorkommen, wird nicht natürlicher Weise der Superintendent die Behörde vertreten? wird nicht schon von selbst eine große Anzahl ihm beipflichten? wird er nicht alles aufbieten, was nur in seinem Auftrage die Verhandlungen zu leiten liegt, um solche Anträge zurükzuhalten, zu modificiren und am Ende vielleicht in ganz veränderter Gestalt ans Licht zu bringen? Endlich auch davon abgesehn, sind die gegenwärtigen Superintendenten offenbar gar nicht mit Beziehung auf die Synodalversammlungen angesezt. Sie können daher würdige und trefliche Geistliche, sie können sehr tüchtig sein zu der Art von Aufsicht und Geschäftsführung, die ihnen bis jezt obgelegen, aber es kann leicht den meisten unter ihnen an dem besonderen Geschikk fehlen, welches dazu gehört, eine über die gewöhnliche Zahl freundschaftlicher Zusammenkünfte hinausgehende berathende Versammlung zu leiten: und so würden durch diese Maaßregel auf der einen Seite die Synoden leiden, auf der andern die Superintendenten eigentlich unverschuldet, weil man ihnen nun etwas nachträglich auflegt, wozu sie bei Uebernahme ihres Amtes nicht verpflichtet wurden, von ihrem Ansehn verlieren. Allein diese Besorgnisse scheinen mir ängstlich und unbegründet. Wir müssen doch davon ausgehn, daß es nicht füglich anders seyn kann; und wenn man auf der Synode, wenn sie sich ihren Vorsizer wählen dürfte, dem Superintendenten einen andern vorzöge, der doch gewohnt ist sich jenem unterzuordnen: so würde gewiß schon um deswillen ein solcher Vorsizer sich sehr beengt fühlen und seinen Plaz vielleicht auch nicht freudig und kräftig ausfüllen. Daß aber die Synoden, zumal zahlreiche, noch einen unter sich wählen, der in Leitung der Geschäfte dem Superintendenten zur Hand gebe, wird ja wol unbenommen sein, zumal wo der Superintendent es selbst wünscht, und dadurch wird dem lezten Uebel hinreichend abgeholfen werden. Und sollten nicht auch ohne dies Alle Geistlichen gern dem Vorsizenden sein ohnehin schwieriges und unbelohnendes Geschäft erleichtern? Kann wol aus der von dem Wohlwollen der Mehrheit gut unterstüzten Führung desselben ein Verlust des Ansehns entstehn, selbst wenn Einzelne nicht ganz von kleinen leidenschaftlichen Ungebührlichkeiten frei bleiben sollten? Gewiß nicht. — Die ersten mehr die Sache selbst betreffenden Besorgnisse haben aber auch nicht mehr Gehalt. Denn wenn ein knechtischer Sinn unter den Geistlichen herrschte, wenn man nicht etwa nur die wenigen, die leider durch eine zu dürftige äußere Lage niedergedrükt sind, sondern die Mehrheit als solche ansehn müßte, die gleich furchtsam schweigen, wenn ein

Vorgesezter anderer Meinung ist, und sehr leicht, auch schweigend und zurükziehend, ihre Seele gerettet glauben, nun dann wäre überhaupt von den Synoden wenig zu erwarten, möchte darin vorsizen wer da wollte. Denn nach den ersten Versammlungen kann es doch nicht fehlen, daß man erfahre, wie der General Superintendent, der noch höher steht, und wie die Consistorien, die noch höher stehen, über die Gegenstände der Verhandlungen denken, und dann würde also bei einem knechtischen Sinn die freie Berathung ganz einschlafen. Sind wir aber freimüthig, und haben die Sache allein im Auge, und kommen mit einem guten Amtsgewissen ausgerüstet: so wird es für alle irgend bedeutende Gegenstände wenig verschlagen, ob auch der Superintendent den Vorsiz hat. Und nicht lange kann es währen, wenn die Synoden sich kräftig und würdig benehmen, daß dem Superintendenten seine Stellung in diesen selbst weit mehr werth wird, als sein Verhältniß zu den eigentlichen Behörden, und daß jeder dieser würdigen Männer seine Ehre vornehmlich darin sezen wird als Vorsteher der Synode seiner Synodalen Achtung und volles Vertrauen zu genießen. Nicht ganz so leicht ist jedoch alle Besorgniß davon zu überwinden, daß die Provinzialsynoden nur aus den Superintendenten bestehen sollen, und die meisten gewiß haben ehe erwartet, daß die Provinzialsynoden aus gewählten Abgeordneten der einzelnen Kreissynoden bestehen sollten, entweder allein oder neben den Superintendenten, als daß gewählte Abgeordnete ganz würden ausgeschlossen sein. Auf den Provinzialsynoden sollen doch die Wünsche und Vorschläge der einzelnen Kreissynoden vorgetragen werden, hoffentlich wie gesagt, nachdem über alle wichtigen Punkte alle Kreissynoden sich berathen und geäußert haben Ist es aber wohl möglich, daß der Superintendent auch solche Beschlüsse gründlich vortrage, und noch mehr; daß er sie gegen die Einwendungen, die von andern Synoden dagegen gemacht werden, gründlich vertheidige, wenn er nicht in der Mehrheit sondern in der Minderheit gewesen ist? Dies heißt übermenschliches ja wirklich unmögliches und widersprechendes verlangen. Und doch, wenn nicht die Vorschläge der einzelnen Kreissynoden auf der Provinzialsynode gründlich und vielseitig besprochen werden: so ist diese Zwischenversammlung ganz unnöthig, und es wäre weit besser, daß von den einzelnen Kreissynoden an die Consistorien unmittelbar eingesendet und berichtet würde. Vielleicht nun läßt die Synodalordnung auch hier noch einen freien Raum für den Fall, daß eine große Mehrheit der Synode es nöthig findet neben dem Superintendenten noch ein anderes Mitglied, entweder überhaupt oder in Bezug auf bestimmte Angelegenheiten, zur Provinzialsynode abzuordnen. Wo nicht, nun so liegt Sicherheit genug theils in einer gründlichen schriftlichen Abfassung der bei der Provinzialsynode einzureichenden Vorschläge, theils in der bei dieser Einrichtung nur um so nothwendigeren vorgängigen Mittheilung und Besprechung derselben auf den übrigen Kreissynoden. Denn wenn auch der Superintendent derjenigen, auf welcher zuerst ein Antrag durchgegangen ist nicht für denselben gestimmt hat: so wird der Antrag doch gewiß, falls etwas wahrhaft gutes und gemeinnütziges darin enthalten ist, wenn er bei den andern Synoden der Provinz zur Berathung kommt, auch unter den Superintendenten seine Vertheidiger und Sprecher finden, die ihn auf der Provinzialsynode nicht im Stich lassen. Und so können wir uns auch hierüber im schlimmsten Falle vor der Hand beruhigen, bis vielleicht in Zukunft, wenn die ganze Sache schon geläufiger geworden ist, und ein großer Theil der äußern

Schwierigkeiten verschwunden, auf Veranlassung der Generalsynode hierin eine Aenderung gemacht wird.

Wenn nun, daß diese große Sache zu Stande komme, und recht bald zu Stande komme, der ganzen evangelischen Geistlichkeit unseres Landes, ja nicht nur ihr sondern allen evangelischen Christen unseres Landes, welche über den Zustand der Kirche und ihre Bedürfnisse nachgedacht haben, und sie einigermaßen übersehen können, so sehr am Herzen liegt: so ziemt uns nicht durch übertriebene Forderungen uns die Freude zu verleiden, sondern, was uns gutes dargeboten wird, bereitwillig anzunehmen und nach unsern besten Kräften zu gestalten und zu benuzen. Und darauf sollte jezt ganz vorzüglich unser Nachdenken und der Austausch desselben gerichtet sein. Denn gewiß wir dürfen uns nicht verhehlen, daß wir einen schweren Stand haben werden, wenn wir unsern so oft geäußerten sehnlichen Wunsch einer solchen Einrichtung recht glänzend rechtfertigen wollen. Gar vieler Augen sind auf mannigfaltige Weise auf uns gerichtet. Unser Land steht — wir wollen jezt nicht untersuchen mit welchem Rechte — weit umher in dem Rufe, daß Abweichung von dem väterlichen Glauben und Erschlaffung des christlichen Eifers von demselben ausgegangen, daß die Geistlichkeit desselben bereitwilliger als sonst irgendwo dieser verderblichen Richtung nachgegeben, und daß daher auch bei uns ganz vorzüglich das kirchliche Band aufgelöst sei. Neuerdings haben wir freilich die großen Thaten, welche die Welt bewundert, unter dem Panier der Frömmigkeit verrichtet, und die Welt ist über diese scheinbare Verwandlung erstaunt. Sie wird nun vorzüglich daran, ob es gelingen wird, mittelst dieser Einrichtung ein neues kirchliches Leben hervorzurufen, erkennen wollen, wieviel Wahrheit an jenem Vorgeben gewesen, und ob wirklich Gott und nicht bloß die Noth und die Rache uns begeistert und geleitet haben; und insofern haben wir in dieser Angelegenheit die Ehre unsers Königs und unsers gesammten Volkes zu vertreten. Andere werden an uns ihren Spott haben, die Gegner nemlich des Christenthums überhaupt auf der einen, und die des Protestantismus, die ofnen oder heimlichen Anhänger der katholischen Kirche, auf der andern Seite. Sie spotten darüber, die einen, daß das veraltete Christenthum sich noch einmal erheben will gegen die von ihnen siegreich gepriesene Aufklärung des achtzehnten Jahrhunderts, die andern darüber, daß wir die in sich immer nichtig gewesene seit langer Zeit aber auch schon äußerlich abgestorbene protestantische Kirche hartnäkkig noch einmal beleben wollen, anstatt in den Schooß der einzigen Kirche zurükkzukehren, und sie sind neugierig, wie sich der vorübergehende krampfhafte Schein des Lebens gestalten wird. Doch alle diese gehn uns am Ende wenig an; wir sind seit lange abgehärtet gegen ihren ungerechten Spott, und wir dürfen billig hoffen, daß sie einen großen Theil ihres Ansehens verloren haben bei dem bessern Theil der Gesellschaft, nur daß wir doch freilich die Pflicht nicht verkennen dürfen, dem Widersacher keinen Anlaß zu geben, und den ungerechten Spott nicht in gerechten zu verwandeln. Allein es giebt andere, die uns näher stehen, und auf die wir billig zu achten haben, wie sie auf uns achten. Unter unsern evangelischen Christen nemlich giebt es gar viele fromme und wahrhaft wolmeinende Menschen, welche dennoch daran verzweifeln, daß es möglich sei in der großen Kirchengemeinschaft ein wahrhaft christliches Zusammenleben wieder herzustellen, eine gegenseitige Erbauung und Befestigung zum Reiche Gottes, Einige weil sie meinen der Seegen sowohl des Gottesdienstes als auch der wahren christlichen Bruderliebe könne nur auf kleineren Gemeinschaften ruhen, wo alle einander näher stehen. Diese werden nun auf die neuen Einrichtungen sehen als auf den lezten Versuch, indem doch durch dieselben mittelst wohl eingerichteter Presbyterien auch die einzelnen Theile des großen Ganzen mehr hervortreten sollen, und also versucht werden kann, ob noch verborgene Funken eines wahren kirchlichen Lebens darin übrig sind. Diese werden darauf achten, wie wir Geistliche in dieser neuen Stellung suchen werden nach unten zu wirken, uns unsern Gemeinen durch ihre Stellvertreter mehr zu nähern, sie an uns zu ziehen und zu beleben. Andere wieder verzweifeln an der evangelischen Kirche vorzüglich, weil sie von uns Geistlichen, die wir zur Leitung derselben berufen sind, eine nicht allzuvortheilhafte Meinung haben, und eine solche gerade, welche ihnen auch von dieser neuen Einrichtung nur sehr wenig Gutes zu erwarten gestattet. Sie glauben nemlich nicht nur, daß der geistliche Stand, wenn man auf das Verhältniß edlerer und geringerer Menschen darin sieht, um es auf das gelindeste auszudrükken, nicht eben glüklicher zusammengesezt sei als andere Stände der Gesellschaft; sondern auch, daß selbst die bessern unter uns größtentheils eigentlich und hauptsächlich etwas anderes sind, der eine ein Landwirth der andere ein Gelehrter, der eine ein Schulmann und Erzieher, der andere ein tüchtiger Hausvater Freund und Rathgeber, aber Geistliche seien auch die besten fast immer nur nebenbei. Was wird es also helfen, denken sie, einer so zusammengesezten Gesellschaft, in der so wenig Lebenskraft sich regt, eine neue und bessere Form zu geben? Wenn sie sie haben, werden sie nicht wissen, was sie damit beginnen sollen; denn die Form kann den Geist, an dem es ihnen fehlt, nicht hervorrufen. Anstatt wichtige Dinge mit einander zu berathen, werden sie leeres Gespräch führen und nichtigen Streit, ohne zu irgend einem bedeutenden Resultat zu kommen. Wenn von dem Wohl der Kirche die Rede seyn soll, werden sie doch bald wieder nur von ihren eignen äußeren Angelegenheiten sprechen, auf welche nicht nur die wenigen, die wirklich durch eine dürftige Lage an freier und treuer Amtsführung gehindert werden, sondern auch fast alle übrigen einen viel zu großen Werth legen. Und kommen sie endlich auf Amtsführung und deren Hindernisse, auf den innern Zustand der Gemeinen, auf die Emporbringung christlichen Sinnes und Lebens und die Wirksamkeit des Gottesdienstes hiezu: so werden die meisten durch ihr Stillschweigen und die übrigen durch abentheuerliche Vorschläge genugsam zeigen, wie wenig ernstlich sie sich mit diesen Gegenständen beschäftiget haben. Das sind die nachtheiligen Vermuthungen, die man überall laut genug hören kann, und die wir müssen zu widerlegen suchen. Sie haben freilich leider mancherlei für sich. Denn wir müssen es gestehen, viel besser ist es nicht gewesen mit den Synoden, die sonst schon hie und da unter uns bestanden *), und die seit wenigen Jahren auch hie und da in den Marken als freie Vereine sind gestiftet worden. Höchstens ist ein etwas lebhafteres Verkehr der Geistlichen unter sich über Gegenstände ihrer Wissenschaft die Frucht davon gewesen. — Hiedurch aber wollen wir uns nicht irre machen lassen in dem Gefühl, das bessere Erwartungen in uns ausspricht, sondern wollen gutes Muthes bleiben. Denn daß aus den bisherigen Synodalzusammenkünften unter uns nicht mehr geworden, liegt, wie auch schon von Anderen ist ausgeführt worden, wol vorzüglich daran, daß wir zwar Synoden hatten aber keine Synodalverfassung, daß die

*) Ich rede aber hier nur von den Provinzen diesseit der Weser, indem die jenseitigen mir fremd sind.

Synoden theils nur Privatvereine waren, theils ausdrüklich nur durch äußere Angelegenheiten, Wittwen-Cassen und dergleichen hervorgebracht. Sie standen weder unter sich noch mit den vorgesezten Behörden in bestimmter Beziehung, sie hatten für ihre Vorschläge und Beschlüsse keine Ansprüche irgend einer Art zu machen; und wären auch heilsame Vorschläge an die nächste Behörde gebracht worden, so war auch diese nur verwaltend, nicht gesezgebend, der Weg zeigte sich weit und unsicher und machte jeden muthlos. Wenn dennoch die hiesigen Zusammenkünfte der Prediger besonders auf dem Gebiet des Schulwesens manches gewirkt, was sonst wol nicht zu Stande gekommen wäre: so sieht man wol offenbar, der Geist war für diesen Gegenstand auch vorher schon rege; aber er konnte nicht irgend im größeren wirksam sein, weil es ihm an einer Form fehlte. Und so ist es in der That allgemein, Geist und Form sind überall durch einander bedingt. Gehn wir freilich auf den ursprünglichen Zustand zurükk: so müssen wir allerdings sagen, der Geist ist das schaffende Vermögen, welches für sich die Form hervorbringt und nicht umgekehrt; aber in diesem ursprünglichen Zustand sind wir nicht mehr. Sagte sich der Staat ganz los von allem, was auf den Glauben und die Frömmigkeit Bezug hat: dann wäre der ursprüngliche Zustand wiederhergestellt, und der in den Gemüthern der Gläubigen waltende Geist würde dann schon sich eine Form gestalten, wie er es in der Urzeit des Christenthums, wie er es immer, wo eine alte Form abgestorben und zerfallen war gethan hat. Gott bewahre den Staat und die Kirche vor einem solchen Rükschritt; aber zweifelt jemand, daß, wenn der Staat die von ihm beschüzten und geleiteten protestantischen Christengemeinden in ihrem ganzen Zusammenhang auf lößte, sie doch wieder entstehen, und auch bald wieder zu einem größeren Ganzen zusammenwachsen würden? Wer das bezweifelt, der muß überhaupt nicht an den Geist des Christenthums als an eine noch überall in der Kirche verbreitete und wirksame lebendige Kraft glauben. Wenn wir uns aber in jenem ursprünglichen Zustande nicht befinden, wenn die Form, wie sie jezt ist, nicht durch den Geist allein ist bestimmt worden, wie denn die Form der äußeren Kirchengemeinschaft bei uns Protestanten vom Staat ist bald so bald anders geordnet worden: dann thut man offenbar unrecht, vom Mangel kräftiger äußerer Erscheinungen eines solchen Ganzen auf den Mangel an Geist zu schließen. Wie hat er nicht lange in diesem gebannten Zustande geseufzt und sich gedrängt! Wieviel ist nicht in öffentlichen Schriften geredet worden von den Mängeln und innern Gebrechen der Kirche! wer hat es nicht versucht, sich auf diesem Wege verständlich zu machen, Mitleiden und Theilnahme zu erregen, und wer ist es nicht müde geworden dies vergebliche Angstgeschrei des hülflosen Geistes in die blaue Luft hinaus! Vergeblich mußte es immer sein, weil, wieviel Ueberzeugung es auch bewirkt hätte, doch keine Wirksamkeit sich daran knüpfen konnte. Und wenn Viele mit ihren Wünschen mehr auf Aeußerlichkeiten gegangen sind, und sich mit dem Aeußern der Form beschäftigt haben: so ist ja das nur ein Zeichen mehr von dem allgemein verbreiteten Bewußtsein, daß es eben hieran fehlte. Wie viele haben nicht ihre Wünsche, ihre wohlgemeinten Vorschläge den vorgesezten geistlichen Behörden, auch der höchsten vorgelegt; und auch das mußte vergeblich sein, weil auch ihre Einrichtung es nicht mit sich brachte, daß an einzelne Vorschläge Einzelner, unter andern laufenden Aktenstükken vorgetragen, eine bedeutende gesezgebende Thätigkeit

aus-

ausgehen konnte. Jene Versammlung Churmärkischer Superintendenten, welche hernach ihre frommen Wünsche der Allerhöchsten Person des Königes selbst übergab, war eine außerordentliche That des aufgeregten Geistes, der kühn über die gegebne Form hinausging. Wie sie jezt ihren Zwekk erreicht, und uns diese schöne Frucht getragen hat, können wir sie als den ersten Keim der künftigen Provinzialsynoden ansehn; wäre sie aber mißlungen, so hätte sie ein zweites Mal auch nicht statt finden können. Nun haben wir durch dieses glükliche Gelingen die ersten Grundzüge einer Form, die nicht willkührlich erdacht, sondern von dem, was noch in mehreren gesegneten Theilen der protestantischen Kirche besteht, auf die Verhältnisse der Landeskirche eines so ausgedehnten Staates zwekmäßig übertragen ist. Der Staat erfüllt hierdurch seine Pflicht; er stellt die ersten Grundzüge einer Form hin, und giebt dadurch dem Geiste sein Recht. So laßt uns nun auch zeigen, daß der Geist diese Form zu beleben weiß, daß er sich kräftig und erfolgreich in ihr bewegt. Alle geselligen Einrichtungen gelangen erst allmählig zur Vollkommenheit; so wird es ohnstreitig auch dieser gehen. Davon müssen wir uns im voraus überzeugt halten, und nicht muthlos werden, wenn der Anfang nicht alle Erwartungen erfüllt. Aber auf der andern Seite muß er freilich auch die Vorhersagungen unserer Gegner nicht erfüllen. Er darf sich nicht leer und nichtig zeigen, wie diejenigen es besorgen, die wir bis jezt im Auge hatten; er darf aber auch nicht ein Schauspiel von Mißverständniß, Verwirrung und Zwietracht darbieten. Denn es giebt viele, welche eine übertriebene Vorstellung haben von dem Verderben des geistlichen Standes, und meinen Herrschsucht und Einmischung in weltliche Dinge werde sich sogleich offenbaren, wenn man der protestantischen

Kirche eine selbständigere Stellung gewähre. Es giebt Andere, welche seit langer Zeit an die Aehnlichkeit der kirchlichen Verwaltung mit der bürgerlichen gewöhnt, sich der Vorstellung nicht erwehren können, diese größeren Versammlungen würden nur unnüze Streitigkeiten und vielleicht ärgerliche Auftritte herbeiführen, ohne wegen der großen Verschiedenheit der Meinungen und Ansichten zu irgend bedeutenden Ergebnissen zu leiten. Oder wenn ja einzelne Synoden mehr durch den überraschenden Einfluß einiger ausgezeichneten Männer auch über etwas bedeutenderes einig geworden: so würden nun wiederum die Vorschläge der verschiedenen Kreissynoden ein so buntes Gemisch darstellen, daß die Provinzialsynoden nicht wissen würden was damit anzufangen. Um allen gerecht zu werden, würden diese entweder bloß redigiren und die entgegengesezteſten Wünsche in ihren Bericht aufnehmen müssen, oder genöthiget sein, auf eine höchst unzuverlässige Weise einen allgemeinen Willen der Provinz aus einer unbedeutenden und unsichern Stimmenmehrheit abzufassen, wobei denn die Schwäche der Ueberzeugung, die bei einem solchen Verfahren unvermeidlich ist, sich deutlich genug zeigen werde, so daß je höher hinauf desto sicherer nichts anders zu Tage kommen werde, als daß es der protestantischen Kirche an innerer Uebereinstimmung und an gemeinsamer Lebenskraft viel zu sehr fehle, um sich selbst zu regieren, und daß die genaueste Vormundschaft des Staates das einzige zuträgliche für sie sei und bleibe. So darf es nicht werden. Daß es nicht so werde, dazu kann freilich eine zwekmäßige Ordnung nicht wenig beitragen; aber gesezt auch diese fiele ungünstiger und, wie es eigentlich bei fast ganz neuen Einrichtungen zu erwarten ist, unbeholfener aus als wir wünschen: so muß das ernste und tüchtige Streben nach dem was Noth thut, so muß der reine Eifer für die Sache, der sein Ziel unverrükt im Auge behält, auch die Schwierigkeiten der Form überwinden und überall in der ganzen Stufenfolge der Verhandlungen zeigen, daß mehr innere Einheit in der protestantischen Kirche ist, als der gänzliche Mangel an äußerer vermuthen ließ. Sollten hingegen auch jezt, da uns die Grundzüge einer Form gegeben sind, welche einer trefflichen Ausbildung fähig ist unsere Verhandlungen und unmaßgeblichen ersten Vorschläge mehr auf Formen gehen, als auf die Sache; sollten wir alle Mittel aufbieten, um die Schranken, die uns gesezt sind, indem wir uns nur mit den inneren Angelegenheiten der Kirche beschäftigen sollen, zu umgehen, und wir uns am liebsten nur zu Vorschlägen vereinigen, welche die äußere Lage und Verhältnisse unseres Standes betreffen; oder sollten auch diese Synoden mehr einen wissenschaftlichen und litterarischen Charakter annehmen als einen wahrhaft kirchlichen: dann müßten wir ja leider gestehen, daß unsere Gegner, daß die Gegner dieser Sache vollkommen recht haben, und daß nur zu sehr der Geist fehle, welcher da sein sollte. Doch hierüber wäre unnöthig mehr zu sagen! Was aber jeder in dieser Hinsicht recht wohl bedenken möge, ist dieses, daß uns für die große Menge wichtiger Gegenstände, die uns für unsere Berathungen in den Zusammenkünften der ersten Jahre zuströmen werden, die Zeit, wenn man auch damit so freigebig ist, als unsere laufenden Amtsgeschäfte nur irgend zulassen, sehr karg wird zugeschnitten sein, und daß jeder unbedeutende Vortrag, der wenngleich an sich nicht verwerflich, doch ohne Schaden auf spätere Zeit könnte ausgesezt bleiben, daß noch weit mehr jede unnüze Rede wenn irgendwo dann gewiß hier eine Versündigung sein wird. Darum möge jeder zu den Versammlungen der

Synoden sich auf das reiflichste vorbereiten und dazu die Zeit, welche über den vorläufigen Einleitungen noch hingehen wird, auf das gewissenhafteste benuzen. Jeder mache sich die Fülle seiner Erfahrungen klar, und suche mit einem treuen und anschaulichen Bilde unseres kirchlichen Zustandes in die heilige Versammlung zu treten, damit er auch die Bedürfnisse gleich mit fühlen könne, auf welche die Aufmerksamkeit Anderer mehr als die seinige ist gerichtet gewesen, und damit er auch die Heilmittel könne prüfen helfen, welche Andere vorschlagen. Jeder prüfe noch reiflich seine eignen Gedanken über alle die großen das Innere der Kirche bildenden Gegenstände, welche seit Jahren so vielfältig öffentlich und unter den Geistlichen sind besprochen worden, über die vielbeklagten Mängel des Gottesdienstes, und ob und wie er in seinen verschiedenen Theilen zu bereichern und umzubilden sei, über den Glaubensunterricht der Jugend, was öffentlich angeordnet werden könne, damit er sein Ziel vollkommner erreiche, über die frommere und geistigere Handhabung der besondern klerikalischen Handlungen, und vorzüglich beider Sakramente, über die Herstellung einer rein protestantischen in die bürgerliche Freiheit auf keine Weise eingreifenden Kirchenzucht, und, was damit so genau zusammenhängt, über die Wiederherstellung eines festeren kirchlichen Verbandes unter den Gemeingliedern selbst und mit ihrem Pfarrer — doch wozu soll ich weiter aufzählen, was Allen wohl bekannt ist. In der Hinsicht aber meine ich solle jeder seine Gedanken recht reiflich prüfen, ob sie auch mit der Art, wie das Bedürfniß, worauf sie sich beziehen, allgemein gefühlt wird, auf eine natürliche Weise zusammenhängen, und also wahrscheinlich ist, daß sie vielen unserer Amtsbrüder werden können einleuchtend gemacht werden, oder ob sie etwa an Einseitigkeit kranken und willkührlich zusammengesonnen sind, also auch nur erfolgloses Hin- und Herreden und Streiten hervorrufen können. Vor allen Dingen aber heilige sich jeder durch Selbstprüfung und Gebet, damit wir auf wahrhaft christliche Weise unsere Gedanken austauschen, jeder nur die Sache suche und sich selbst zurükstelle, eben so gern belehrt werde als durchdringe mit seiner Meinung, und alle eitle Ruhmsucht und, was daraus so leicht entsteht, ungründliches und leidenschaftliches Wesen aus unsern Zusammenkünften verbannt bleibe. Und in dem Gefühl, daß wir Alle aus Schuld der Zeit ungeübt sein müssen in freier Versammlung zu rathschlagen, rüste sich jeder zwiefach aus mit Milde Bescheidenheit und zuvorkommender Liebe. Wenn wir so gestimmt und bereitet in unsere Versammlungen kommen: so ist nicht zu besorgen, daß wir den Widersachern des Christenthums oder der protestantischen Kirche und ihrer Freiheit sollten ein erwünschtes Schauspiel geben; vielmehr wird sich dann bald zeigen, daß mehr Geist und Leben in der Kirche waltet, als sich bis jezt zeigen konnte, und daß mehr auf diesem Wege zur Förderung wahrer Gottseligkeit gewonnen werden wird als auf allen bisherigen. Ja unsere Versammlungen werden dann würdige und lehrreiche Vorläufer und, in mancher Hinsicht wenigstens, Vorbilder sein von jenen bürgerlichen Versammlungen in den einzelnen Provinzen und für das ganze Reich, die auch schon verheißen sind, und denen obliegen wird die allgemeinen bürgerlichen Angelegenheiten des Volkes wie uns die kirchlichen zu berathen und zur Gesezgebung darin mitzuwirken.

Nachtrag.

Indem ich vorstehende Blätter dem Drukk übergeben will, erhalte ich von freundlicher Hand den eben erschienenen **Entwurf der Synodalordnung für den Kirchenverein beider evangelischen Confessionen im Preußischen Staate.** Wenngleich nun manches von dem, was ich hier niedergeschrieben, überflüßig scheinen könnte, manches zwekklos wie nach abgemachter Sache: so finde ich doch aus mancher Rükficht besser, um dieses Zusammentreffens willen nichts von dem geschriebenen zurükzunehmen, wol aber scheint mir pflichtmäßig und nothwendig auch über diesen Entwurf meine Meinung freimüthig hinzuzufügen. Wie er vor mir liegt, ist er zwar von keiner Behörde gezeichnet; aber sein officieller Charakter ist nicht zu bezweifeln, und er darf also nicht wie eine Privatschrift in dem Tone, zu welchem Inhalt und Beschaffenheit eben reizt, sondern er muß mit der hohen Achtung und dem strengen Ernst behandelt werden, den jeder Unterthan einem Gesezesentwurf schuldig ist. Aus einigen Stellen geht ziemlich deutlich hervor, daß er von dem hohen Ministerium des Innern ausgegangen und zunächst den Consistorien zugeschrieben ist. Er ist also das von mir erwartete und für nothwendig gehaltene Gesez, welches um eine neue Verfassung der Kirche zu bestimmen und für immer festzusezen durch die Erwägungen des Staatsrathes hindurchgehn und Allerhöchsten Ortes vollzogen werden zu müssen scheint, noch nicht, wie denn auch von den Ansprüchen oder Rechten der Synoden gegenüber den kirchlichen Staatsbehörden, ohne deren Bestimmung doch eine Verfassung der Kirche nicht bestehen würde, gar nicht darin die Rede ist. Er ist vielmehr nur die reglementarische Verfügung an die verwaltenden Behörden über die Art und Weise, wie die Geschäftsführung vorläufig soll eingerichtet werden. Auch in diesem Umfang kündigt er sich nur als Entwurf an, der von den Synoden selbst noch soll in nähere Berathung genommen werden; und desto unverfänglicher wird es also sein, wenn auch ein Einzelner vorher seine Meinung über denselben freimüthig eröfnet, zumal doch darin zugleich die Ansichten der hohen Behörde von dem, was die Synoden sein und leisten sollen, muß niedergelegt sein. Zuerst nun freut es mich, daß durch denselben manche Bedenklichkeit, die mehreren und auch mir die frühere Bekanntmachung erregt hatte, gehoben ist. Nirgends nemlich ist in dem ganzen Entwurf weder bei den Kreissynoden noch bei den Provinzialsynoden — denn lieber bleibe ich bei diesen ursprünglichen und hergebrachten Ausdrükken, als daß ich die neuen des Entwurfs Kreispresbyterium und Provinzialpresbyterium annehme — die Rede davon, daß etwas geschehen soll um die Einheit in der Lehre zu erhalten. Denn das Gelübd §. 41. I, 1. und §. 51. I, 1. führt nicht auf Einheit in der Lehre, und auch die Nennung theologischer Schriften und die Unterhaltung darüber §. 41. II, 3. und §. 51. II, 3. hat nicht diese Tendenz, und könnte auf keinen Fall, da hier selbst bei den Provinzialsynoden nur von brüderlicher Berathung, nicht von an die Behörden zu machenden

Anträgen die Rede ist, irgend einen Beschluß veranlassen. Ist also dieser Punkt aus der früheren Bekanntmachung nicht bloß der Landessynode vorbehalten, von welcher in diesem Entwurf noch gar nicht die Rede ist: so ist er ganz verschwunden, und es bleibt nur das übrig, was aus Beschwerden, welche über die Pfarrer geführt werden, hervorgeht, wie ich denn auch oben zu zeigen gesucht habe, daß die Lehre betreffend nur dieses vor die Synoden gehören kann. Auch das ist erfreulich, daß nach dem Entwurf die Vereinigung beider Confessionen auf den Synoden nicht im Ganzen entschieden werden soll; denn er sagt ausdrüklich §. 31., wenn irgendwo diese Vereinigung zu Stande komme, werde es erfreulich sein; nur der vermittelnde Vorschlag den der Entwurf selbst §. 43. thut, scheint nicht sehr zwekmäßig, da oft erst mitten in der Berathung sich zeigen kann, wo ein getheiltes Interesse beider Partheien eintritt. Auch hätte wol bestimmt werden müssen, wie dieser Vorschlag auch auf die Provinzialsynoden angewendet werden soll, da diese mit ihren Arbeiten eine Abendmahlsfeier verbinden sollen, zumal in mancher solchen Synode nur ein einziger reformirter Superintendent sein dürfte. — So scheint es auch als sollten die Synoden nicht mit der ersten Versammlung auf die Errichtung der Presbyterien warten; denn da die Vorschriften hierüber selbst ein Theil des Entwurfs sind, der noch berathen werden soll, so müssen natürlich die Synoden vorangehn. — Auf der andern Seite ist wieder durch den Entwurf manche Hofnung zerstört, die ich mir gemacht hatte. Es fällt nemlich nach demselben ganz weg, daß was Eine Kreissynode von Aenderungen in den innern Angelegenheiten der Kirche für nöthig erachtet, auch den andern Synoden der Provinz erst zugefertigt und von ihnen auch berathen wird, ehe es an die Provinzialsynode geht. Sondern gesagt ist bestimmt, daß die Acten der Kreissynode schon nach 14 Tagen gradezu an den General-Superintendenten gehen, und es findet sich keine Spur davon, daß dieser sie den andern Synoden zufertigen sollte. Auch würde dieses in den Jahren, wo die Provinzialsynode Sechs Wochen nach den Kreissynoden gehalten werden soll, nicht möglich sein, und also wenn die Provinzialsynoden §. 48. bis zur ersten General-Synode jährlich statt haben sollen, würde es überhaupt nicht möglich sein, ausgenommen jezt zum ersten Male, wenn die Kreissynoden sich noch dieses Jahr in den Zeiten der längsten Tage versammelten, da denn im folgenden Jahre in jeder Kreissynode über alles berathen werden könnte, was in diesem Jahre in allen übrigen von solchen Angelegenheiten, die vor die Provinzialsynode gehören, vorgekommen ist. Der Entwurf hat offenbar diese vorgängige Mittheilung unter den einzelnen Kreissynoden nicht nöthig gefunden; aber um so wichtiger scheint es mir noch einmal darauf aufmerksam zu machen, wie nöthig diese Mittheilung ist, wenn die Provinzialsynoden von der Denkungsart der sämmtlichen Kreissynoden über die zu verhandelnden Gegenstände gehörig sollen unterrichtet sein, und wenn diejenigen Geistlichen, welche wichtige Aenderungen in kirchlichen Angelegenheiten vorgeschlagen, nur einige Sicherheit haben sollen, daß ihre Vorschläge auch auf der Provinzialsynode gehörig vertreten werden. Denn da die Acten der Kreissynoden, wenn sie die Berathungen in extenso enthalten sollen, um so weniger können auf der Provinzialsynode vorgelesen werden oder vorher alle unter allen Mitgliedern circuliren: so hätte dann der General-Superintendent und der Superintendent der vorschlagenden Synode es ganz in ihrer

Händen, wie jeder Vorschlag vor der Provinzialsynode erscheinen und von ihr aufgefaßt werden soll, und auf so wenige Augen sollen doch gewiß die wichtigsten Vorschläge nicht gestellt werden. Ja diese beiden Personen selbst müssen sich auf eine unangenehme Weise beschränkt fühlen durch den Gedanken, daß die Behörde, an welche die Vorschläge kommen, sehr wohl weiß, es hätte nur an ihnen gelegen sie anders zu wenden oder als unbedeutend und wenig dringend darzustellen und so gut als ganz bei Seite zu legen. Welches alles bei vorgängiger Mittheilung und Berathung aller Kreissynoden gänzlich wegfällt. Daher kann ich den Wunsch nicht zurükhalten, daß alle Synoden bei der ihnen zur Pflicht gemachten Berathung des Entwurfs auf diesen Punkt vorzüglich Rüksicht nehmen möchten. Und ist gleich der Buchstabe des Entwurfs gegen diese Mittheilung, so ist sie doch offenbar ganz in dem Geiste desselben. Denn das Bestreben der Synoden soll §. 44. dahin gehen, daß die kirchliche Provinz sich immer kräftiger in ihrer Einheit als Provinzialgemeine darstelle. Der Entwurf selbst bietet aber nichts dar zu diesem Zwekk; denn wenn auch nach §. 52. die Acten der Provinzialsynode bei allen Predigern nachträglich circuliren, so wird dadurch keine Einheit erreicht, sondern nur eine solche Art von Theilnahme, wie jedes Land an dem Zustande der anderen hat, von denen es in Zeitungen liest. Eine Einheit kann nur dadurch entstehen, wenn jede Kreissynode zu allem, was in den andern in Bezug auf die gemeinsamen Angelegenheiten vorkommt, auch thätig beiträgt, und also eine gegenseitige Wechselwirkung unter ihnen entsteht. Noch vollkommner würde diese Einheit freilich sein, wenn die Kreissynoden derselben Provinz sich nicht an demselben Tage versammelten, und wenn auf jeder Ein Mitglied von jeder benachbarten als Gast und Zuhörer zugelassen oder auch besonders eingeladen würde, eine Verbesserung, die vielleicht in Zukunft bei vermehrter und erleichterter Communication möglich wird.

Was nächstdem einen sehr unangenehmen Eindrukk macht ist, daß die ganze Synodaleinrichtung theils unmittelbar theils wegen des Dazwischentretens der General-Superintendenten in dem Entwurf zuerst und man möchte fast sagen vornemlich erscheint als ein neuer und verwikkelter Instanzenzug, und als eine unabsehlich vermehrte Actenschreiberei. Also immer wieder noch mehr von dem, wovon wir leider, wie jedermann klagt, überall schon zuviel haben! Was §. 29, 1. der Superintendent nicht schlichten kann zwischen der Gemeine oder dem Presbyterium und dem Prediger, das geht an die Kreissynode, von der Kreissynode zur Provinzialsynode und von der Provinzialsynode dann zum Consistorium. Eben so §. 47, 2. was der General-Superintendent nicht schlichten kann zwischen dem Superintendenten und den Geistlichen oder Gemeinen, das geht an die Provinzialsynode und von da ans Consistorium. Und dies tritt so stark überall zuerst hervor, als ob es das größte Bedürfniß wäre, und alles voll Händel in der kirchlichen Welt. Träte nun wenigstens die Synode gleich an die Stelle des Consistoriums, so daß diesem nur die Bestätigung bliebe, nun so möchte die Sache viel Gutes haben; aber wozu diese Vervielfältigung? zumal man doch nicht einmal erfährt, wie weit der Wirkungskreis dieser Instanzen geht! Ist eine Predigerstelle erledigt, so muß §. 47, 5. der Superintendent erst dem General-Superintendenten Anzeige machen und dieser erst dem Consistorium; hat das Consistorium etwas allgemeines zu verfügen, so geht es §. 47, 9. nur durch den General-Superintendenten an die Superintendenten. Wollen §. 47, 4. die Candidaten pro ministerio geprüft sein, so melden sie sich beim Consistorium durch den General-Superintendenten; aber gewiß dürfen sie doch den Superintendenten und die Kreisgemeine, als deren Candidaten sie §. 29, 2. anerkannt sind, nicht übergehn! Von dieser schlimmen Einrichtung, daß der General-Superintendent anstatt der Ordner und Vorsteher der Geistlichkeit der Provinz und der Vertreter ihrer Beschlüsse bei den Staatsbehörden zu sein und weiter nichts, woran er würklich genug zu thun hat, wenn er das seinige tüchtig thun will, nun wieder vornehmlich eine neue Zwischenbehörde vorstellt zwischen dem Consistorium und den Superintendenten, hat man in den ersten Bekanntmachungen nichts ahnen können, und es sieht fast aus, als hätte man gefürchtet, er werde weder Ehre noch Würde genug haben an seinen Synodalgeschäften, und ihm deshalb noch manches andere, wie diese ganze Zwischenträgerei und die Ehrenmitgliedschaft beim Consistorium und die, wie es scheint, auch ganz unthätige Zuschauerschaft bei den Prüfungen pro ministerio mit zugetheilt. Doch hiervon liegt der Grund noch tiefer, und kann vielleicht nur, wenn man das Ganze völlig übersieht, recht klar werden. Aber nun erst die Schreiberei die wieder unendlich anwächst! Daß die neuen Kirchenvorstände Protokolle halten, ist nöthig und gut, und bei zweckmäßiger Einrichtung kann es noch die leichteste Art werden, wie sie sich mit dem einmal unentbehrlichen Schreiben abfinden können. Daß in diese Verhandlungen §. 18. monatlich die Ab- und Zunahme der Communion und des Kirchenbesuchs und die Ab- und Zunahme gewisser Laster mit verzeichnet werden sollen, läßt fast befürchten, daß das statistische Büreau seine Operationen mittelst dieser Zählungen auch bald auf die Religiosität und Sittlichkeit ausdehnen und uns nach einigen Jahren nach der beliebten Fraction belehren werde in welchen Monaten die Laster in der Regel am meisten im Schwang gehen, denn sonst wäre dies ganz unnüz. Aber nun soll auch §. 19. der Prediger, dem es mit seinem Amt ein heiliger Ernst, ist ein Journal halten, worin er das wichtigste seiner Amtsführung niederlegt — als ob der Ernst im Schreiben läge! und als ob der Prediger, dem es Ernst ist mit seinem Amte, nicht das wichtigste seiner Führung in seinem Gedächtniß geschrieben behalten würde, wenn ihm doch alles gute Gelingen zur Ermunterung gereicht, und der dankbare das Gute nicht vergißt, und alle Schwächen und Fehler ihm zur heilsamen Warnung und Belehrung gereichen, und der Weise sich ihrer, so lange es ihm Noth thut, wieder erinnert bei ähnlichen Fällen. Für Sünde möchte ich es eher halten, wenn ein Geistlicher seine köstliche Zeit mit solchem Wiederkauen verderben, und sich noch dazu der Gefahr aussezen wollte, vor der bei einem Tagebuch solcher Art niemand ganz sicher ist, Unwahrheit mit hinein zu schreiben. Hier aber ist noch nicht genug an dem Journal, sondern der Prediger muß nun §. 19, §. 35. aus dem Journal wieder noch einen Auszug machen, und nicht nur aus dem Journal sondern auch aus den Protokollen des Presbyteriums, und diese Auszüge muß er dem Superintendenten bei der Kirchenvisitation vorlegen, der dann aus eben diesen Auszügen eine Uebersicht bildet, in welcher sich der kirchliche Zustand in seinem Kreise seinen Vor- und Rükkschritten nach darstellen soll und den er §. 41. I, 4 der Synode vorlegt! Und aus diesen Uebersichten bildet wieder der General-Superintendent §. 51 I, 4 eine Generalübersicht, die er eben so der Provinzial-Synode vorlegt! Und von den Uebersichten der Superintendenten, ja nicht nur von diesen sondern von den Acten der Kreissynode überhaupt, nimmt jeder Prediger der Kreissynode, und von den Acten der Provinzialsynode und der Generalübersicht des General-Superintendenten wenigstens dem wichtigsten des Inhaltes nimmt jeder Prediger der ganzen Provinz Abschrift und verwahrt sie! § 42 und 52. Es ist nur gut, daß nichts als das Vorlegen und Abschreiben und Verwahren verlangt wird, aber man fragt doch billig wozu. Es schien mir nöthig hier die Paragraphen zu citiren, damit jeder sich überzeugen könne, in dem Entwurf sei wirklich grade so dieses neue Schreibewesen ersonnen, und dem erleuchteten hohen Ministerium annehmlich gemacht worden. — Daß nun auch von den Acten der Provinzialsynoden, welche an das Ministerium gehen, die Consistorien ihrerseits Abschriften nehmen müssen, versteht sich von selbst. Da doch auf den Synoden die Geistlichen wichtige Amtserfahrungen vortragen sollen, §. 41. II. 2, würde nicht hier alles erhebliche aus jenen Journalen und Uebersichten von selbst seine Stelle finden ohne alle jene Schreiberei? — Ueber den Wandel den Fleiß und die Fortschritte der Candidaten berichtet §. 30, 2. der Superintendent jährlich an den General-Superintendenten, und der General-Superintendent §. 47, 5. schreibt aus allen diesen Berichten, einen Generalbericht an das Consistorium zusammen. Wenn doch jeder Candidat, indem er sich zur Prüfung oder zur Ordination meldet, ein Zeugniß seiner Synode beibringen muß, sind nicht auch diese Berichte lauter unnüze Vortragsstükke?

Schon wer dieses zu Herzen nimmt wird eine Ahndung davon bekommen, daß die Synoden in diesem Entwurf für den eigentlichen Zwekk, den ihnen die erste Bekanntmachung anweiset, nicht sonderlich lebendig und thätig erscheinen, und so ist es auch wirklich. Der §. 41. theilt die Verhandlungen der Kreissynoden und völlig eben so der §. 51 die der Provinzialsynoden in drei Titel. Der dritte enthält das rein bürgerliche das eigentlich nach der ersten Bekanntmachung ganz scheint ausgeschlossen werden zu sollen, und gewiß für die erste Zeit mit Recht. Indeß ist es wol natürlich, daß wo mit den Superintendenturen Wittwen-Kassen verbunden sind, und es hier Angelegenheiten giebt, die nicht eben so gut durch Umlauf abgemacht werden können, die Versammlung der Synode dazu benuzt wird. Doch sollte dies nur als ein besonderes nachträgliches Geschäft angesehen, und also auch nicht in die den Synodalangelegenheiten bestimmte ohnedies nicht überflüssige Zeit eingerechnet werden. Der zweite Titel umfaßt verschiedene Gegenstände brüderlicher Berathung, Mittheilung von Amtserfahrungen, Unterredungen über theologische Schriften, gegenseitige Verständigung über ergangene Verfügungen. Dies sind Gegenstände, womit viel Zeit auch auf eine nüzliche Weise hingebracht werden kann; aber es sind nicht Beschäftigungen, wodurch die Synode ein wesentlicher Bestandtheil der Kirchenverfassung ist, wie die erste Bekanntmachung sie darstellt. Denn alles dieses führt zu keinem gesezlichen Resultat, zu keinem Beschluß irgend einer Art; sondern die Synode erscheint hiebei wieder als ein Privatverein. Sie mag dieses nüzliche Verkehr treiben, wenn ihre eigentlichen Geschäfte beendigt sind, zu den Geschäften selbst gehört es nicht. Nun aber der erste Titel enthält die rein kirchlichen Angelegenheiten. Wie erscheint nun die Synode in diesem? Zuerst von der Aufsicht über die Kandidaten und Schullehrer, welche die erste Bekanntmachung den Synoden ausdrüklich beilegt, ist in den Versammlungen gar nicht die Rede; sondern diese Aufsicht führt nach §. 29, 2. der Superintendent, freilich als Beauftragter der Synode, aber die Synode erfährt nichts von dieser Aufsicht und hat nichts darüber zu ordnen oder zu beschließen; sondern ihr wird nur das Zeugniß eines aufgenommenen Kandidaten vorgelegt, und im Protokoll bemerkt, daß er als Kandidat der Kreisgemeine anerkannt sei, weiter hat sie nichts mit ihm zu schaffen; auch muß er sich, wenn er nicht zu weit entfernt ist, ihr persönlich darstellen, und so nimmt sie also Kenntniß von ihm. Zu einer gewissen Aufsicht über das Fortstudiren der Kandidaten verbindet sich zwar der Superintendent mit den ausgezeichnetsten Geistlichen des Kreises, aber damit hat die Synode nichts zu thun; sie ist hier nicht einmal Kenntniß nehmend. Ferner wie die Synode die Disciplin über die Geistlichen selbst ausüben soll, darüber erfahren wir ebenfalls gar nichts, und das wäre doch einer der wichtigsten Punkte gewesen. Wir erfahren zwar, daß jeder Prediger, wenn er etwas nachtheiliges von einem Amtsbruder erfährt, verpflichtet ist, ihn erst privatim, dann mit Zuziehung einiger andern zu ermahnen, und wenn das nicht hilft, die Sache dem Superintendenten vorzutragen. Das ist eine Verpflichtung, wie wir sie alle längst gehabt haben, die aber gesezlich doch nicht kann gemacht werden. Wir erfahren freilich ferner, daß wenn in solchen Dingen die Bemühungen des Superintendenten fruchtlos sind — wann fängt er denn aber an zu erfahren, daß sie fruchtlos gewesen? — er die Sache vor die Synode bringen soll. Bei den Geschäften der Synode selbst aber ist gar nicht die Rede davon; außer daß der Superintendent berichtet von den Kirchenvisitationen und Anzeige von dem macht, was er dabei nicht ganz in der Ordnung gefunden. Die Synode hört also diesen Bericht an, sie ist abermal

Kennt-

Kenntniß nehmend; was sie aber nun auf diese Anzeige thun soll, davon erfahren wir nichts. Da sie nun über die Art und Weise ihrer Geschäftsführung an die Synodalordnung gewiesen ist; so wird sie wol nichts thun, sondern sie wird denken, da der Superintendent die Kirchenvisitation zugleich als Organ der höhern Behörde verrichtet, er doch auch an diese schon wird berichtet haben, und daß diese thun und verfügen wird, und so bliebe denn alles, auch was diesen wichtigen Punkt betrifft, beim Alten, wie es scheint sehr gegen die Absicht der ersten Bekanntmachung. Nur daß vielleicht, da doch aus den Bekanntmachungen die, sofern sie in den Entwurf nicht aufgenommen sind, in allen den Punkten, welchem ein königlicher Immediatbefehl zum Grunde liegt, nicht können für aufgehoben oder deklarirt gelten, hervorgeht, daß die Synoden Zurechtweisungen versuchen und wo diese nicht genügen Anzeige an die kirchliche Behörde machen sollen, die Consistorien, auch wenn sie den Bericht des Superintendenten erhalten haben, nichts verfügen, sondern abwarten werden, was für eine Anzeige die Synode machen wird, und so geschähe denn gar nichts, sondern Synode und Consistorium wären eins durch das andere gelähmt, freilich ganz gegen die Voraussezung die ich gemacht hatte! — Weiter berichtet der Superintendent über die vorgefallenen Amtsveränderungen, und legt jene Uebersicht des kirchlichen Zustandes vor, die das Ab und Zunehmen des Kirchenbesuchs und der gewissen Laster in den verschiedenen Kirchsprengeln darstellt, und so ist die Synode wieder Bericht anhörend und Kenntniß nehmend, eine Kenntniß die wahrlich wenig hilft, denn was folgt aus diesen Zahlen und Angaben? Sie müssen eben so unfruchtbar bleiben als die Anmerkungen unter dem Titel einer Rechnung, welche nachweisen sollen, woher plus oder minus gegen den Etat entstanden ist! Indessen ist auch nicht einmal davon die Rede, daß diese Uebersicht besprochen, oder irgend ein Beschluß gefaßt werden soll, wozu sie freilich auch, wie sie vorher geschildert worden ist, sich nicht eignet, sondern sie geht zu den Acten, um bei den Predigern zu circuliren, und von ihnen abgeschrieben zu werden! Also bis jezt ist die Synode in ihrem eigentlich offiziellen Charakter durchaus nur Kenntnißnehmend und unthätig, und was bleibt ihr noch übrig von wirklichen Berathungen über innere kirchliche Angelegenheiten? Daß eben unser Entwurf zur Synodalordnung, und der bald zu erwartende zur Kirchenordnung geprüft und Vorschläge darüber sollen gemacht werden. Das ist freilich kein leichtes und bald zu beseitigendes Geschäft, was den vor uns liegenden Entwurf betrifft, wir wissen nicht wie der andere sein wird, dessen Abfassung vielleicht einer andern Hand anvertraut ist; auf jeden Fall aber ist das Geschäft nur vorübergehend, und im strengsten Sinne gehn die Synoden erst recht an, wenn es beendigt ist, und sind bis dahin selbst eben so wie ihre Ordnung — um ein freilich schlecht beliebtes Wort zu brauchen — nur provisorisch. Wenn wir also nach dem bleibenden fragen, was ihnen zur wirklichen Berathung übrig gelassen ist, nach den Vorschlägen zu kirchlichen Verbesserungen, welche hernach durch die Provinzialsynoden an die Consistorien gebracht werden sollen, nach diesen Vorschlägen, von denen die erste Bekanntmachung soviel wichtiges erwartet, daß ein besserer Zustand der evangelischen Kirche als das große Ziel dieser Einrichtungen daraus hervorgehen soll, und welche hernach in Beschlüsse der Generalsynode gesammelt, Sr. Majestät dem Könige selbst vorgelegt werden sollen; wenn wir nach diesen eigentlichen Aufgaben fragen: so sind sie ganz in die wenigen Worte zusammengedrängt. „Es wird verhandelt über andere Hindernisse und Beförderungsmittel des kirchlichen Lebens um daraus Vorschläge an die Behörde durch die Provinzialsynode zu bilden." Welche wunderbare Unverhältnißmäßigkeit! der ganze Entwurf stekkt voll Berichte die erstattet, Notizen die gegeben angehört abgeschrieben werden, die aber alle nicht zur Sache führen, Geschäftsordnungen und Förmlichkeiten zwischen den Superintendenten Generalsuperintendenten und Consistorien, die theils nichts neues enthalten, theils gar nicht hieher gehören, weil die Synoden nichts damit zu schaffen haben, und der eigentliche Hauptpunkt, worauf alles ankommt, ist in einen unscheinbaren Winkel verstekkt. Freilich kann Großes oft mit wenigen Worten abgethan werden, und Kleinigkeiten erfordern oft viele; und so hat es vielleicht nicht anders sein können, als daß den Nebensachen in diesem Entwurf ein ansehnlicher Raum gestattet würde, und es wäre dabei immer ein Gewinn wenn die Hauptsache in größter Kürze konnte abgefaßt werden. Nur scheint sie mir, wenn ich den Entwurf als reglementarische Verfügung ansehe, gar nicht abgemacht zu sein. Denn sollen die Verhandlungen über die anderweitigen, das heißt nicht im vorigen, nicht in den Mängeln des Entwurfs, nicht in der Abnahme des Kirchenbesuchs und der Zunahme der Laster, nicht in den bei den Kirchenvisitationen bemerkten Unordnungen, sondern anderweit begründeten Hindernisse und Beförderungsmittel des kirchlichen Lebens zu etwas führen: so muß darin eine gewisse Ordnung beobachtet werden, wie die Gedanken eingebracht und gereinigt werden sollen. Man muß wissen ob die kirchliche Staatsbehörde im Sinne hat auf den Grund ihrer eigenen Verhandlungen, oder dessen was bei der Immediatcommission verhandelt worden ist, Propositionen zur Berathung an die Synoden zu bringen; man muß wissen, ob jeder Geistlicher oder vielleicht auch nur nach einer gewissen Anzahl von Dienstjahren das Recht hat Vorschläge einzubringen; man muß eine Form haben, wie diese beleuchtet werden sollen, wie die Meinung der Versammlung ans Licht gebracht, und wie der Inhalt derselben schriftlicht verfaß werden soll. Eine solche Anweisung, wenn auch möglichst kurz und bündig, erwartete gewiß jedes Consistorium und jeder Superintendent von einer reglementarischen Verfügung, wie der Entwurf sein soll, wenn er auch nur §. 5 die allgemeinen Regeln feststellen will, nach welchen die Synoden sich selbst organisiren sollen. Ja selbst das erste Geschäft der Synoden, die Berathung des Entwurfs kann ohne eine solche Anweisung nicht unternommen werden. Als ich diesen Mangel zuerst bemerkte, und doch unmöglich voraussezen konnte, alles was der Entwurf ausführlich und deutlich behandelt, solle als Hauptsache angesehen, diese Berathung aber, aus der alle eigentlichen Resultate hervorgehen müssen, solle als eine Nebensache, die vielleicht nur selten vorkommen würde, bei Seite geschoben werden, gerieth ich auf eine ziemlich künstliche Erklärung. Nemlich die erste Bekantmachung des churmärkischen Consistoriums, welche ich vor mir habe, redet eigentlich nicht von Beschlüssen der Kreissynoden, sondern nur von Berathungen; der Ausdrukk Beschlüsse kommt erst bei den Provinzialsynoden vor. Ich dachte nun, es sollte dieses einen wesentlichen Unterschied bilden zwischen den Kreissynoden und den Provinzialsynoden, daß die ersten gar keine Beschlüsse fassen, sondern nur Vorarbeiten liefern sollten, und es sollten also alle abgegebenen Meinungen ihrem wesentlichen Inhalte nach dem Protokoll einverleibt werden, und alles dieses erst in den Provinzialsynoden zu einem eigentlichen Beschlusse verarbeitet. Allein auch dieses, wie es mir auch als fast ganz unausführbar für den Scriba und den Provinzialsynoden ihr Geschäft zu sehr erschwerend und ihnen zuviel anheimstellend schon gleich nicht gefallen wollte, war nichts; denn als ich mich bei den Provinzialsynoden umsah, die doch wirklich Beschlüsse fassen und Vorschläge an die Behörden bilden sollen, so fand ich dort eben so wenig irgend eine Anweisung für die Motionen, für die Debatten, für die Abstimmung und die Redaction. Was bleibt also anders übrig als zu glauben, es finde eine sehr wesentliche Verschiedenheit statt zwischen der Ansicht der früheren Bekanntmachungen und der Ansicht des spätern Entwurfs, und dieser erkläre wirklich alle Berathungen dieser Art für Nebensachen, sei es weil er sie überhaupt für unnöthig und die Gebrechen der Kirche für unbedeutend hält, oder weil er die gesezgebende Gewalt in Kirchensachen lieber ganz und ungetheilt in den Händen der kirchlichen Staatsbehörde belassen will, und den Synoden diese Berathungen nur zum Schein freigestellt hat. Damit stimmt auch sehr wohl die Zeitbestimmung zusammen; denn wenn die Zusammenkünfte der Kreissynoden nur einen oder zwei Tage dauern sollen, dabei ein feierlicher Gottesdienst und vielleicht eine Communion gehalten wird, die bürgerlichen Verhandlungen und die freundschaftlichen theologischen Besprechungen jedesmal vorkommen, vorher aber alle Berichte des Superintendenten angehört werden sollen, und um von den Berathungen über den Entwurf selbst nichts zu sagen — noch einige Zeit übrig sein soll um in der Hize der längsten Tage den Schweiß von der Stirne zu wischen: so wird man gewiß keine Zeit finden um über die Hindernisse und Beförderungsmittel des kirchlichen Lebens sich zu berathen. Da nun die Provinzialsynoden ganz dieselben Geschäfte haben, nur daß bei ihnen alle Berichte und sonstige Vorlesungen wegen des größern Umfanges noch mehr Zeit erfordern: so werden auch sie, wenn sie gleich drei Tage dauern dürfen, doch ebenfalls wenig Zeit zu solchen Berathungen aus eigner Anregung finden. Diese Vermuthung aber, daß der Entwurf im Widerspruch mit dem Geist der ersten Bekanntmachungen auf die Verhandlungen der Synoden über diese Gegenstände nur wenig Werth legt, und sie eigentlich nur der Form wegen beibehält, bestätigt sich auch noch durch folgendes. In dem zweiten Titel der Synodalgeschäfte ist auch die Rede davon, daß die Verordnungen der geistlichen Behörde, welche sich auf die Amtsführung der Prediger beziehen nach Sinn, Geist und Abzwekkung sollen in Erwägung gezogen werden. Der Ausdrukk ist weitschichtig; es können dahin auch Vorschriften neuer Einrichtungen im Gottesdienst, neuer Pflichten, welche den Geistlichen aufgelegt werden, kurz alles gehören, was nur die innern Angelegenheiten der Kirche betrifft. Dergleichen Verordnungen sollen also dem Entwurf zufolge immerfort von der geistlichen Behörde ausgehn; die Synode aber hat weder Zeit, Vorschläge zu solchen Verordnungen zu machen noch ein Recht Einwendungen und Gegenvorstellungen gegen ergangene Verordnungen zu machen, denn die vorgeschriebene Erwägung steht nur unter den Gegenständen der brüderlichen Berathung. Also auch schon durch diese Stelle und durch den Ausdrukk Erwägung, und dadurch, daß nichts über die Form der weiteren Verhandlung gesagt ist, kann sich die Synode für völlig gebunden halten. Es bleibt also dem Entwurf zufolge völlig beim Alten, die kirchliche Staatsbehörde allein ist gesezgebend in allen kirchlichen Dingen, die Synoden haben darauf keinen Einfluß; sie sind gar nicht berathende sondern nur Kenntniß nehmende Versammlungen. Denn schwerlich kann der Entwurf an dieser Stelle Verordnungen meinen, welche die kirchliche Behörde auf Veranlassung der Synoden und in Folge ihrer Vorschläge erlassen hat; denn diese werden die Synoden nicht erst nöthig haben nach Sinn Geist und Abzwekkung zu erwägen. — Und doch wird niemand gern glauben wollen, es sei die Absicht des Ministeriums gewesen stillschweigend durch die Beschaffenheit dieses Entwurfes vieles wieder zurükkzunehmen, was doch gewiß nicht ohne seine Billigung in den Bekanntmachungen der Consistorien gesagt war. Allerdings kann man sagen, es sei sehr schwer gewesen eine reglementarische Verfügung über diesen Theil des Verfahrens zu geben, bevor noch durch ein organisches Gesez die Stellung der Synoden als repräsentativer Versammlungen und der geistlichen Staatsbehörden gegen einander gehörig bestimmt worden. Denn ganz anders muß sich offenbar das Verfahren in den Synoden gestalten, je nachdem die Provinzialsynoden verpflichtet sind oder nicht alle Beschlüsse der Kreissynoden hernach den Consistorien vorzulegen, je nachdem das Prüfungsrecht der Cosistorien weiter oder enger bestimmt ist, je nachdem die geistliche Staatsbehörde ihrerseits ganz unabhängig wie bisher in kirchlichen Dingen gesezgebend verfahren kann, oder gehalten ist ihre Gesezesvorschläge erst an die Synoden zu bringen. Aus dieser Schwierigkeit könnte man allerdings sowol diesen Mangel des Entwurfs als die oben gerügte Unverhältnißmäßigkeit desselben und kurz seine ganze unverkennbae Verlegenheit erklären, wenn nicht doch dasselbe hohe Ministerium, welches hier reglementarisch verfügt auch jenes organische Gesez, worin alle Verhältnisse bestimmt werden müssen, zu entwerfen hätte. Wir können nicht glauben, da diese Sache so lange schon in Bewegung ist, daß es über die Stellung, die es beiden Theilen zu geben wünscht, noch uneins sei; und wenn es aus Behutsamkeit, weil vielleicht die Berathungen des Staatsrathes dem vom Ministerium entworfenen und eingebrachten organischen Gesez doch eine andere Gestalt geben könnten, seine Ansichten der künftigen Verhältnisse nicht zum Grunde des Entwurfs legen wollte: so wäre es immer meiner unmaßgeblichen Meinung nach besser gewesen, entweder auch die Synodalordnung ruhen zu lassen bis das Gesez da gewesen wäre, oder wenn die Synoden sich doch gleich versammeln sollten, lieber den Consistorien nur eine kurze Anweisung zuzufertigen, daß die Synoden nun sollten versammelt, und auf welche Art die in der Bekanntmachung schon angegebenen Geschäfte sollten vorgenommen werden, imgleichen wie mit der Abstimmung und der Abfassung der Beschlüsse zu verfahren sei. Hätte man ihnen dabei Muth gemacht, das Neue der Sache und das unbestimmte der Verhältnisse nicht zu scheuen, indem eben die ersten Erfahrungen am besten zeigen müßten, was am zwekmäßigsten weiter zu bestimmen wäre; hätte man sie und die Synoden darauf verwiesen, daß die Rechtsverhältnisse genau bestimmt werden würden, ehe noch die Provinzialsynoden zusammenkämen: so würde gewiß die Sache besser gefördert sein als durch einen Entwurf, der auf der einen Seite das Gepräge großer Genauigkeit und Vollständigkeit trägt, so daß man bedenklich sein muß, in irgend einem wesentlichen Stükk über ihn hinauszugehen, und der doch auf der andern Seite in einem so hohen Grade mangelhaft und unbefriedigend ist. Denn einerseits steht mit Recht zu besorgen, daß wenigstens manche Consistorien durch die buch-

gelegten Eigenschaften des Entwurfs werden muthlos gemacht werden, die Synoden auf diesen Grund zu versammeln, sondern werden erst nähere Bestimmungen einholen wollen, theils um sich selbst als bloß verwaltende Behörden besser in Sicherheit zu stellen theils um die ihnen untergebene Geistlichkeit nicht zu compromittiren; und dann ist durch die frühere Erscheinung eines Entwurfs, der, wenngleich Entwurf, doch den ganzen Gegenstand umfaßt, und Anspruch darauf macht vorläufig realisirt zu werden, die Sache selbst nicht beschleunigt sondern nur verzögert worden. Gesezt die Consistorien werden hiemit ab und auf die Resultate der Berathung in den Synoden selbst verwiesen, und versammeln nun diese: was wird geschehen, wenn die Synoden sich den allgemeinen Regeln des Entwurfs gemäß organisiren? Die Geistlichen versammeln sich, der Gottesdienst wird gehalten, und die Verhandlung mit Gebet eröfnet §. 30, die Versammlung wählt ihren Assessor und Schreiber §. 25. 26, und nachdem sie sich so in moderirbaren Stand gesezt, schreitet sie mit Ablegung des Gelübdes §. 41. I, 1. zur Sache. Vorjährige Protokolle (ebend. 2.) sind noch nicht zu verlesen und zu besprechen. Eben so wenn auch der Superintendent im verflossenen Jahre Kirchenvisitationen gehalten hat: so ist dies noch nicht in Beziehung auf die Synoden geschehen, und es wird also wenig Bericht darüber (ebend. 3.) anzuhören geben. Eben so werden die oft erwähnten Uebersichten (ebend. 5.) noch nicht gemacht sein, und die Versammlung gewinnt also das erste Mal viel Zeit und viel Kraft; denn das viele Vorlesenhören und Notiznehmen ermüdet nicht wenig. Sie kann also nun zur Besprechung des Entwurfs der Synodal- und wenn er bis dahin noch ankommt auch des der Kirchen-Ordnung schreiten. Hier werden sich unstreitig die Meinungen theilen: Einige werden sagen, es werde wenig helfen über den Entwurf a priori zu reden, sondern es werde besser sein erst die Erfahrung abzuwarten, um dann mit Recht und Sicherheit Bemerkungen zu machen über einen Entwurf, der gewiß, a priori wie man es jezt thun könnte, schon von der hohen Behörde auf das reiflichste sei erwogen worden; Andere werden sich an den Buchstaben halten, und vor allem andern den Entwurf erwägen wollen. Siegt nun diese Meinung: so geht der Streit an, auf welche Weise dieses geschehen solle, ob man ihn Paragraphenweise erwägen, oder die Hauptpunkte herausheben soll, oder zuerst nur Sinn, Geist und Abzwekkung in Betracht ziehen. Nichts ist bestimmt, ob hierüber der Superintendent allein oder das gesammte Moderamen zu entscheiden hat, oder ob auch hier das Recht der Stimmenmehrheit gilt. Siegt die andere Meinung und man will zu der (ebend. 6.) so kurz abgefertigten Hauptsache schreiten: so werden sich hier aus je eifrigeren Mitgliedern die Synode besteht um so mehr verschiedene Motionen zugleich erheben, und man wird einsehen, daß man wenigstens erst den Entwurf ergänzen und das Recht des Vorsizers und die Ordnung der Vorträge bestimmen muß. Kommt dann ein Punkt zur Sprache, so erneuert sich derselbe Streit, und je größer der Eifer ist um desto schwerer muß es dem Vorsizer werden die Berathung in einem zwekkmäßigen Gang zu erhalten, weil es ihm an einer Ordnung fehlt, zu der er zurükrufen kann, so daß man bald merken wird, man müsse sich auch hierüber erst den Entwurf ergänzend vereinigen und allgemeine Regeln feststellen, nach denen sich die Synode wirklich organisiren kann. Wenn nun damit bei weitem der größte Theil der karg zugeschnittenen Zeit vergeht, und nicht so viel übrig bleibt, daß es noch lohnte einen wichtigen Gegenstand zu berühren, weil er doch nicht ohne Uebereilung zum Abschluß gebracht werden könnte; wenn dann die Gegner der Sache den Synoden den Vorwurf machen, man sähe wol, wie wenig von ihnen zu erwarten wäre, da sie sich gleich das erste Mal so bei den Formalien aufgehalten hätten, daß sie nicht zur Sache gekommen wären: so wäre dieser Vorwurf sehr ungerecht. Vielmehr wenn es nicht so geschähe, sondern man schneller über diese Dinge wegkäme: so wäre dies ein bewundernswürdiger und für gewisse Menschen sogar furchtbarer Beweis davon, wieviel ein reiner Eifer wohlgesinnter Menschen, wenn sie zusammentreten, bewirken kann, auch wo sie von dem Gesez so gut als gar nicht unterstüzt sind. Es ist gewiß sehr dankenswerth und zeugt von einer preiswürdigen Gesinnung der höheren Behörde, daß dieser Entwurf nur als Entwurf hingestellt wird, den die Synoden selbst erst näher berathen sollen. Dies ist zwar, wie der Zusammenhang §. 5. ergiebt, vorzüglich nur so gemeint, daß jede Provinz an dieses allgemeine nur ein besonderes ihrer Eigenthümlichkeit und ihrem Zustande angemessenes anbilden soll; allein es ist ein glüklicher Umstand, daß man an dieses zugestandene mehr anknüpfen kann; und da der Entwurf auch als allgemeine Regel, wie es scheint, zu wenig leistet, und so oft den Gesichtspunkt verrükt, so wird man die Vergünstigung angemessen scheinende Abänderungen vorzuschlagen wol zu einer fast gänzlichen Umbildung ausdehnen müssen.

Um dieses zu erleichtern nehme ich mir heraus, nachdem ich bis jezt den Entwurf in seinem Verhältniß zu der den ersten Bekanntmachungen zum Grunde liegenden Idee und nach seinen wahrscheinlichen Erfolgen im Ganzen geprüft habe, woraus hoffentlich hervorgegangen ist, daß wenn die Synoden sich nach diesem Entwurf organisiren sollen, sie so gut als völlig unnüz sein würden, nun auch einiges einzelne näher zu beleuchten.

Das erste was, als ich den Entwurf zu lesen anfing, einen ungünstigen Eindrukk auf mich machte, war, daß die Superintendentur unter dem Namen Kreisgemeine, und die kirchliche Provinz unter dem Namen Provinzial Gemeine aufgeführt, und hernach sogar die Kreissynode das Kreispresbyterium, und die Provinzialsynode das Provinzialpresbyterium genannt war. Es wollte mir doch gar nicht einleuchten, daß die verschiedenen Gemeinen, die zu einer Superintendentur gehören, in einem eben solchen Verhältniß untereinander stehn sollten, wie die Hausväter Einer Gemeine, und daß sich die gesammten Prediger der Superintendentur zu einander verhalten sollten, wie die Mitglieder des Ortspresbyteriums, da ja die Prediger alle dasselbe Geschäft haben nur in verschiedenen Theilen des Ganzen, wogegen von den Mitgliedern des Presbyteriums einige Aeltesten sind andere Armenpfleger und noch andere Säkler oder Rendanten. Ich konnte daher gar nicht begreifen, wie dieses sollte durchgeführt sein. Da nun am Ende des Abschnittes von der Ortsgemeine und dem Ortspresbyterium ausdrücklich steht, von beiden wäre hier nur dasjenige erwähnt, was in das Synodalwesen eingreift: so glaubte ich natürlich, dieselben Geschäfte, die dem Presbyterium oblägen, müßten auch in den beiden Synodalversammlungen sich wiederholen, wenn sie doch Presbyterien heißen sollten. Nun steht zwar von den eigentlichen Geschäften des Presbyteriums wenig da, weil eben das meiste in die Kirchenordnung gehört, was sich aber am unmittelbarsten auf das Synodalwesen zu beziehen scheint, ob nun die Aeltesten in den Versammlungen des Presbyteriums das Recht hätten die ihnen kund gewordenen Wünsche der Gemeine über den Gottesdienst, die Zeit und Ordnung desselben, über dies und jenes was geschehen könnte um den Leichtsinn im Zaum zu halten und der christlichen Sitte Achtung zu verschaffen, über das Parochialschulwesen und mehr dergleichen vorzutragen, das fand ich gar nicht, sondern nur daß es Notizen verzeichnete über den Zustand des religiösen Lebens, nemlich über den Kirchenbesuch und über gewisse Laster. Deshalb fiel mir nun freilich noch nicht ein, daß auch auf den Synoden die Beachtung solcher Wünsche und die Bildung bestimmter Vorschläge hierüber so gar kurz abkommen würde. Aber ich dachte nun, das Kreispresbyterium würde vielleicht ein Armenwesen unter sich haben für den ganzen Kreis, und das Provinzialpresbyterium für die ganze Provinz, wie das Ortspresbyterium für die Ortsgemeine; denn auch das steht ja hier als auf das Synodalwesen sich beziehend. Aber auch das fand sich nicht, und wäre auch freilich der ausschließlich auf das innere gerichteten Abzwekkung der Synoden, wie wir sie aus der Bekanntmachung kennen, entgegen gewesen. Ich fand, daß auch nicht einmal jene Ereignisse in der Kreisgemeine, aus welchen sich auf das religiöse Leben schließen läßt, das Kreispresbyterium selbst verzeichnet, sondern der Superintendent trägt sie aus den Angaben der einzelnen Ortspresbyterien zusammen, und eben so der General-Superintendent aus den einzelnen Angaben der Superintendenten. So dachte ich denn zulezt, denn anders blieb nun nichts übrig, die Aehnlichkeit wird sich zeigen bei der Kirchenvisitation; der General-Superintendent wird eben so die Kreisgemeine visitiren, wie der Superintendent die Ortsgemeine. Nach einander wird auch jedes Mitglied des Kreispresbyterii abtreten, damit die andern sagen können, ob sie etwas gegen dasselbe einzuwenden haben, und eben so würde die Provinzialgemeine von dem visitirt, der an der Spize der General- oder Landessynode steht. Das schien auch gar nicht übel zu sein, wenn die Synoden wirklich die Disciplin über die einzelnen Geistlichen ausüben sollen. Allein auch davon fand sich keine Spur; sondern nur von den Ortspresbyterien, oder von einzelnen Geistlichen durch die Superintendenten kommen Klagen über die Geistlichen an den General-Superintendenten; der beauftragt den Superintendenten, und nur wenn dessen Ermahnungen nichts fruchten, kommt es an die gleichfalls ermahnende Synode, von der wir aber gar nicht weiter erfahren, wie sie in der Sache verfährt Kurz ich fand auf keine Weise eine Aehnlichkeit zwischen dem Kreise oder der Provinz und der Ortsgemeine, und eben so wenig zwischen der Kreis- oder Provinzialsynode und dem Ortspresbyterium, und so erschien mir diese Uebertragung der Namen als eine zwekklose Spielerei mit Wörtern, die aber kaum hätte entstehen können, wenn bei der Abfassung des Entwurfs eine klare Vorstellung von dem, was die Synoden sein sollen, zum Grunde gelegen hätte. Und so weiß ich auch mit den Ermahnungen (§. 22. und §. 44), daß die Synoden dahin streben sollen, daß Kreisgemeine und Provinzialgemeine immer kräftiger in ihrer Einheit da stehen, um so weniger anzufangen, als auch nicht einmal in Absicht der Ortsgemeine der Entwurf hiezu einen Weg zeigt. Denn da, um auch dies noch beiläufig zu sagen, das Presbyterium sich unter sich ergänzt, so steht es in fast gar keinem Zusammenhang mit der Gemeine, und diese wird sich sehr schwer entschlieschließen, es für ihr eigentliches Organ in kirchlichen Dingen zu halten. Sollen die Presbyterien wirklich eine Beziehung auf das Synodalwesen erhalten, das heißt auf die innere Verbesserung der Kirche durch zwekmäßige Berathung: so müssen die Mitglieder desselben von der Gemeine erwählt werden. Von der Ergänzung des Presbyteriums durch sich selbst hätte schon die Kenntniß der Verhältnisse abschrekken sollen, welche statt finden wo Magistrâte sich selbst ergänzen.

Da nun eine an dem Namen haftende Aehnlichkeit der Geschäfte durch die drei Abstufungen Ortspresbyterium, Kreispresbyterium und Provinzialpresbyterium nicht durchzuführen war: so ist der Entwurf desto mehr beflissen gewesen, eine an dem Namen Synode haftende Aehnlichkeit der Geschäfte in den Kreissynoden und Provinzialsynoden durchzuführen, und diese ist denn auch so genau geworden, daß in dem §. 51. von den Geschäften der Provinzialsynoden fast nur auf den §. 41. von den Geschäften der Kreissynoden Bezug genommen ist. Daraus ist denn auch mancherlei wunderliches und loses, manche Häufung leerer Förmlichkeiten entstanden. Ich scheue mich nicht, unter diesen leeren Förmlichkeiten das Gelübde oben an zu stellen, womit §. 41. und §. 51. alle Verhandlungen in beiden Synoden beginnen sollen. Dieses Gelübde, gewissenhaft in der Schrift zu forschen, die evangelische Wahrheit lauter zu verkündigen, das heilige Amt mit Treue zu führen, legt jeder Geistlicher bei seiner Ordination ab; das Gelübde, den Zwekk des Synodalvereins nach Kräften zu befördern, soll jezt §. 23. jeder bei seiner Einführung in die Synode ablegen, ist die Einrichtung erst allgemein und fest begründet, so wird natürlich auch das in die Ordinationsformel aufgenommen: warum also soll nun dieses Gelübde jährlich wiederholt werden? warum aber sollen gar die Superintendenten, die es schon in ihren Kreissynoden mit abgelegt, es sechs Wochen darauf in den Provinzialsynoden noch einmal ablegen? Denn was ihre besondere Stellung als Superintendenten betrifft: so wird jeder darüber wol auch ein Gelübde ablegen bei seiner Anstellung. Mit Gelübden muß man nicht spielen! wenn das Ehegelübde nur einmal abgelegt wird; wenn der Wehrmann und der Staatsdiener nur einmal ihren Eid schwören; warum sollen die Geistlichen, als ob sie die unzuverlässigsten Sterblichen wären, ihre Gelübde unaufhörlich wiederholen? — In der Kreissynode wird ferner aus dem vorjährigen Protokoll und dem Protokoll der lezten Provinzialsynode das wichtigste verlesen und besprochen. Ich sehe freilich nicht recht ein wozu. Denn das Protokoll der lezten Kreissynode kann ja nur enthalten, was in derselben wirklich verhandelt worden ist, und wozu soll das noch einmal besprochen werden? Das Protokoll der Provinzialsynoden kann doch nächst der allgemeinen Angabe der Verhandlungen nur die Beschlüsse enthalten, welche gefaßt worden sind; diese aber hintennach zu bereden kann gar nichts helfen, denn sie sind bereits an die Behörde gegangen. Doch dem sei so! In der Provinzialsynode wird nun auch das Protokoll der lezten Sizung gelesen und besprochen. Was aber für die Kreissynode das Protokoll der lezten Provinzialsynode war, das wäre für die Provinzialsynode eigentlich das Protokoll der lezten Generalsynode; weil aber von dieser überhaupt im ganzen Entwurf nichts vorkommt, auch offenbar nicht bei jeder Versammlung der Provinzialsynode ein neues solches Protokoll vorhanden ist: so treten nun an dessen Stelle die Protokolle anderer Provinzialsynoden. Dies kommt ganz unerwartet, und man findet sich überrascht, indem man glaubt, der Entwurf seze gar eine solche Gemeinschaft der Provinzialsynoden voraus, wie ich nur für die Kreissynoden jeder Provinz wünschte, und in ihm nicht gewährt fand. Allein man kommt davon bald zurükk. Denn theils findet man von einer solchen Gemeinschaft weiter keine Spur, sondern jede Provinzialsynode schikkt ihre Acten an das Consistorium, und dieses an das Ministerium des Innern; theils sieht man auch hier nicht, daß dieses Vorlesen und Besprechen zu eigentlichen Verhandlungen, zu einem Anschließen an die Beschlüsse der andern oder zu abweichenden Anträgen Veranlassung gäbe, sondern wo die eigentlichen Verhandlungen vorkommen §. 51. I, 6., da geschieht es nur auf den Grund der Kreissynodalverhandlungen und aus eigner Anregung, nicht aber auf den Grund der Verhandlungen anderer Provinzialsynoden. Also ist auch dies Vorlesen und Besprechen nur eine leere Förmlichkeit mehr. — Ferner, wie der Superintendent in der Kreissynode Bericht abstattet von den Kirchenvisitationen: so ist vielleicht auch nur deswegen dem General-Superintendenten aufgetragen worden, die Gemeinen der Superintendenten zu visitiren, damit er auch einen ähnlichen Bericht in der Provinzialsynode zu erstatten habe. Aber dies ist doch ein bloßes Ortsgemeinverhältniß, welches das Presbyterium der Provinzialgemeine unmittelbar nichts angehn kann, und es wäre gewiß in vieler Hinsicht zwekmäßiger, wenn die Superintendenten als Pfarrer von den Assessoren ihrer Kreissynoden visitirt würden. — Eben so muß nun auch in dem zweiten Titel der Geschäfte das Erwägen der Verordnungen der geistlichen Behörde, wie es in der Kreissynode geschehen ist, in der Provinzialsynode wiederholt werden. Etwas wäre hier gewonnen worden, wenn der Entwurf die Parallele noch genauer gehalten hätte und hier nur diejenigen Verordnungen wären besprochen worden, welche sich auf die Geschäftsführung der Superintendenten als solcher beziehen. Vielleicht ist jedoch eben deshalb der Entwurf hier am wenigsten ausführlich, damit nicht die Provinzialsynode zu sehr als eine bloße Conferenz von Superintendenten erscheine; aber sie wird und kann gewiß nichts anders werden, wenn die eigentliche Hauptbestimmung der Synoden, kirchliche Verbesserungen in Vorschlag zu bringen, in der Ausführung selbst so sehr in den Hintergrund gestellt wird als hier in dem Entwurf geschehen ist.

Nächstdem nun ist der Aufmerksamkeit gar sehr würdig die Art, wie in dem Entwurf §. 29. und §. 30. von den Superintendenten geredet wird, die nun eine doppelte Person werden, indem zu ihrer bisherigen Stellung zwischen den Consistorien und den Pfarrern nun noch ihr Verhältniß zur Synode hinzukommt. Es war nothwendig, daß in dem Entwurf das lezte wenigstens ganz klar hingestellt wurde; daß er auch von dem ersten rede, war nicht zu verlangen. Auch verweiset er wirklich hierüber vorzüglich auf die Instruction der Superintendenten. Allein auch hierüber kann ich einen Wunsch und eine Besorgniß nicht zurükhalten. Diese doppelte Function bleibt immer ein Stein des Anstoßes für die Superintendenten selbst und für ihre Synodalen. Soll Vertrauen zwischen beiden herrschen, so müssen die Synodalen genau wissen, wozu der Superintendent als Organ der kirchlichen Behörde berechtiget und verpflichtet ist, sie müssen seine Instruction, wie sie sich jezt anders modificiren wird, genau kennen, und er muß ebenfalls wünschen, daß sie sie kennen, und daß sein ganzes Betragen überall offen vor ihnen liegen dürfe. Der Entwurf verweiset uns öfter auf die bald zu erwartende Kirchenordnung, in diese soll wol auch die Instruction für die Superintendenten gehören; hätte aber doch der Entwurf ein beruhigendes Wörtchen darüber gesagt, daß diese Instruction, wie es gewiß die

Absicht ist, mit der Kirchenordnung zur Kenntniß und zur Berathung der Synoden kommen wird! und möchte nicht sein Schweigen darüber von Manchen so ausgelegt werden, als sei diese Mittheilung nicht zu erwarten! Aber wie vertheilt nun der Entwurf die Functionen des Superintendenten? Als Organ der Kreissynode ist er primus inter pares, womit gewiß jeder zufrieden sein wird; und daß er als solcher die Leitung der Verhandlungen auf der Synode hat, versteht sich, wenn er überhaupt diese persona duplex sein soll, von selbst. Daß er aber als solcher zum Theil auch die Kirchenvisitation verrichtet, zum Theil hingegen dieselbe auch als Organ der Behörde verrichten soll, scheint schwierig, und es findet sich in dem Entwurf auch kein Wort darüber, wie diese Theilung denn soll vollzogen werden. Mir schiene viel einfacher und natürlicher, daß der Superintendent die Kirchenvisitation ganz als Organ der Behörde verrichtet. Kommen dabei Vergehungen des Pfarrers zur Sprache: so hätte er eigentlich, da die Disciplin von der Synode soll gehandhabt werden, nur den Befund aufzunehmen und an die Synode zu berichten, die dann beurtheilen muß, ob die Sache einer Anzeige an die Behörde bedarf, und was für Maaßregeln derselben vorzuschlagen wären, oder ob sie durch Zurechtweisung abgemacht werden kann, und wie diese zu ertheilen ist, ob brüderlich durch einen dazu beauftragten Amtsbruder, oder ob feierlicher und strenger durch den Vorsteher der Synode, oder ob vor der Versammlung selbst. Wenn aber durch ein Gesez im voraus bestimmt ist, daß der Superintendent als beständiger Beauftragter der Synode die Disciplin ausüben soll: so ist es nur ein Schein, daß sie der Synode übertragen ist, und demnach bleibt alles beim Alten. Was sonst auf der Kirchenvisitation vorkommen kann, gehört doch nur vor die Synode, in sofern es

Veranlassung zu Verbesserungsvorschlägen geben kann, und diese Gegenstände sollte dann der Superintendent als Organ der Behörde vor die Synode bringen. So geht alles einfach auseinander, und dem Wesentlichen, was in der ersten Bekanntmachung liegt geschieht Genüge, und die Synode wird mit dem lästigen Berichtlesen über die Kirchenvisitation verschont. Wenn aber nun gar dem Superintendenten als Organ der Synode und als primus inter pares außer den Visitationen die fortgehende Aufsicht über die Sitten und die Amtsthätigkeit der Geistlichen verliehen wird: so scheint dies doch sehr weit über den Begriff eines primus inter pares hinauszugehn. Wir wissen, wie wenig es mit dieser Aufsicht bisher, da die Superintendenten sie als Organe der Behörde führten, hat zu sagen gehabt; soll sie dadurch besser werden, daß derselbige Mann sie nun als Organ der Synode verrichtet? In der That kann diese fortgehende Aufsicht der Natur der Sache nach kaum in etwas anderem bestehn als in dem Recht, von allem verdächtigen oder nachtheiligen sogleich amtliche Kenntniß zu nehmen, und für einzelne Gegenstände auch außerordentliche Visitationen vorzunehmen; und dieses Recht kann doch dem Superintendenten nur als Organ der Behörde zukommen. Ein anderes ist, daß gar wohl in vielen Fällen die Synode ihre Disciplin gerade dadurch ausüben kann, daß sie einen Pfarrer auf eine Zeitlang unter eine genauere correctionelle Aufsicht stellt: aber es wäre sehr ungerecht, wenn sie mit diesem Geschäft ihren Vorsizer beladen wollte; sie wird es weit zwekkmäßiger einem andern oder mehreren in Gemeinschaft auftragen. Endlich aber soll auch der Superintendent als Organ der Synode die Aufsicht über die Sitten und den Lebenswandel der Kandidaten führen. Ich kann nicht umhin, auf diesen wichtigen Punkt an dieser Stelle noch einmal zurükk zu kommen, und zu bemerken, wie hierdurch die Absicht, diese Aufsicht der Synode zu übertragen, ganz vereitelt wird. Die Synode muß diese Aufsicht selbst führen, sie muß sie unter die dazu am meisten geeigneten Mitglieder vertheilen, diese müssen darüber in den Versammlungen berichten; dann kann etwas besseres geschehen als bisher, dann kann jede Synode ein wahres und gewiß das beste Seminarium für die darin lebenden Kandidaten werden. Sind die Synoden durch das Gesez gezwungen, diese Aufsicht durch den Superintendenten zu führen, ist dieser nicht einmal — wie denn im ganzen Entwurf hievon keine Sylbe vorkömmt — gehalten ihnen Rechenschaft abzulegen und Anweisungen von ihnen anzunehmen: so führen die Synoden diese Aufsicht gar nicht, und auch der Superintendent führt sie nicht als ihr Organ; sondern dies ist nur ein leeres Wort, er übt sie allein und also als Organ der Behörde, und alles ist beim Alten geblieben, und die Synode in der ganzen Rechnung nur ein durchlaufender Posten. Damit stimmt denn auch auf eine sehr auffallende Weise überein, daß die Aufsicht über das Fortstudiren der Candidaten, welche Einer allein nicht führen kann, der schon sehr beschäftigt ist, und zu welcher sich der Superintendent nothwendig mehrere zugesellen muß, daß er diese nicht als Organ der Synode, sondern als Organ der Behörde führen soll, und also dieser Theil der Aufsicht ausdrüklich aus allem Zusammenhang mit dem Synodalwesen herausgerissen wird. Stimmt dies mit der so bestimmt erklärten Absicht die Aufsicht über die Candidaten, ohne daß von einer solchen Trennung die Rede gewesen wäre, den Synoden zu übertragen? Ist es nothwendig? Gewiß nicht, denn auch die Synoden werden von selbst zu diesem Geschäft die gelehrtesten und die wissenschaftlichsten ihrer Mitglieder auswählen eben so gut als der Superintendent es thun wird. Ist es nüzlich? Kaum; denn eher werden noch diese Aufsicht führenden nüzliche Unterstüzung finden, wenn sie mit der Synode in Verbindung stehn, als sie durch ihre Berichte an die Consistorien viel gewinnen werden, denen die Kenntniß der Subjecte und der Verhältnisse fehlt, und die also hier mehr nur auf eine bestimmte Form halten, als wirklich brauchbare Anweisungen geben können. So ist also wol von allen Seiten klar, daß was in dem Entwurf über den Superintendenten gesagt ist, gar nicht im wahren Geist einer Synodalverfassung gesagt ist, und so sehr nur den Erfolg haben kann die Synoden zu lähmen und zu vernichten, daß, wenn man es als wohl durchdacht gelten lassen müßte, man durchaus nur diese Absicht hineinlegen könnte.

Die Generalsuperintendenten, welche in den meisten preußischen Provinzen meines Wissens bisher gar nicht, und in den übrigen doch auch größtentheils nur als eine Ehrenwürde existirt haben, welche also als eine neue Einrichtung anzusehen sind — womit auch die Ausdrükke der Bekanntmachung ganz übereinstimmen — diese werden in jenen Bekanntmachungen nicht als eine persona duplex angeführt, es wird ihnen dort nichts zugeschrieben als der Vorsiz in den Provinzialsynoden, und es wäre auch eine sehr schöne und würdige Stellung gewesen, wenn man denjenigen, der an der Spize der regelmäßigen Versammlungen der Geistlichen steht, der ihre Beschlüsse in den weitern Verhandlungen mit den Staatsbehörden überall, wo Bedenklichkeiten und Zweifel entstehen, vertreten muß, ganz frei und unabhängig hingestellt hätte. Es wäre alsdann ein Ehrenamt gewesen, wozu am besten die Geistlichkeit selbst einen allgemein geehrten und hochverdienten Genossen

oder

oder auch mehrere vorgeschlagen, der König aber ausgewählt oder die Bestätigung ertheilt hätte. Statt dessen, sei es nun der Analogie mit dem Kreispresbyterium und dem Superintendenten zu Liebe geschehen, oder aus andern nicht offen zu Tage liegenden Gründen, hat man auch aus dieser neuen Würde eine persona duplex und wie wir schon oben gesehen haben, eine Zwischenbehörde gemacht; und wie der Superintendent eine sehr ausgedehnte Thätigkeit hat, die nicht im Geist einer Synodalverfassung ist, so hat der Generalsuperintendent auch eine solche. Nur das ist gegen die Analogie, daß obwohl eine Stufe höher als der Superintendent, er doch wie dieser auf den Vorschlag des Consistoriums ernannt wird, und das Consistorium seine nächste Behörde ist. Doch mit dem lezten hat es eigentlich wenig zu sagen, denn nicht gerechnet, daß er zugleich Siz und Stimme im Consistorium hat, wodurch das Verhältniß schon sehr geändert wird; so zieht er eigentlich als beständiger Beauftragter des Consistoriums den größten Theil von dessen Thätigkeit an sich, so daß man nicht sieht, wozu noch andere geistliche Mitglieder des Consistoriums neben ihm sein sollen, es müßte denn sein, zur Prüfung der Candidaten. Er kann aus eigner Macht Untersuchungen gegen Prediger durch den Superintendenten veranlassen, und wo das Consistorium dergleichen anordnet ist er der Beauftragte dazu; er schlichtet Streitigkeiten zwischen den Superintendenten und wenn es ihm nicht gelingt, so trägt er die Sache zwar der Provinzialsynode vor, allein da diese in dem Entwurf gar keine Instruction zu ihrem Verfahren in solchen Fällen findet, auch demselben in dem Verzeichniß der Geschäfte keine Stelle angewiesen ist: so kommt doch alles auf seinen Bericht ans Consistorium an, und dieses wird wol nie anders als seinem Vorschlage gemäß erkennen können, wodurch er denn auch in der Provinzialsynode etwas ganz anders wird als ein bloßer primus inter pares. Er besezt eigentlich so gut als allein alle Pfarrstellen königlichen Patronats, welches alles sehr gegen den Geist einer Synodalverfassung ist, und wobei seine Thätigkeit in der Synode fast nur noch als Nebensache erscheint. Durch die Art also, wie diese neuen Beamten gesezt sind, können wol freilich die Consistorien sich sehr beeinträchtiget und gelähmt fühlen. Möchten sie dies nur ja nicht der Synodalverfassung zuschreiben, mit der es gar nicht zusammenhängt, und die dadurch eben so sehr gelähmt ist, wogegen die Consistorien sich doch noch damit trösten können, daß sie den Vorschlag haben um den Generalsuperintendenten zu ernennen. Kurz man könnte beinahe sagen, daß der Entwurf, als ob auch ihn eine Furcht vor berathschlagenden Versammlungen eingegeben hätte, durch ein schnelles Kunststükk aus dem Anscheine nach ganz unverdächtigen sehr genauen Bestimmungen, aus künstlichen Verwirrungen, aus wohlberechnetem Verschweigen zusammengesezt, die Synoden und die Consistorien beinahe vernichtet, und nur die Superintendenten und die Generalsuperintendenten ins Leben gerufen hat; er erscheint als eine Umdeutung der ersten Bekanntmachungen, wodurch ihr Inhalt fast ganz wieder aufgehoben wird, er erscheint nemlich so, wenn man alles darin als wohlbedacht und überlegt ansieht. Darum ist es wohl der Ehrfurcht von seinem Ursprung angemessen dieses leztere lieber nicht zu thun, wiewol man sich bei der Genauigkeit, mit der so viele einzelne Theile ausgearbeitet sind, ungern dazu entschließt; es bleibt das angemessenste sich ganz daran zu halten, daß er von den Synoden selbst erst soll geprüft werden; und als Maaßstab seiner Beurtheilung müssen diese außer ihrer Einsicht nichts anerkennen, als was ihnen aus den frühern amtlichen Bekanntmachungen als der unmittelbar ausgesprochene königliche Wille entgegenkommt. Daß der Entwurf wenigstens nicht auf einer neuen erschöpfenden Ueberlegung des ganzen Gegenstandes beruht, auch vor demselben nicht die noch fehlenden königlichen Bestimmungen eingeholt sind, sieht man auch daraus, daß er sich über die allgemeine Landessynode gar nicht näher erklärt. Es wäre so leicht gewesen nach der festgestellten Analogie diese als das Landespresbyterium aus den sämmtlichen Generalsuperintendenten bestehn zu lassen, und alles übrige hätte sich dann von selbst ergeben. Da wären nun die Berichte gelesen worden von den Visitationen der Gemeinen der Generalsuperintendenten, aus den Provinzialberichten über Ab- und Zunahme des Kirchenbesuchs und der Laster, wäre eine höchst lehrreiche allgemeine Landesübersicht abgefaßt worden, und so fort nach denselben Titeln und Nummern. Aber freilich die Beschlüsse der Landessynode sollen Sr. Majestät dem König selbst vorgelegt werden; sie sollen aus den Beschlüssen der Provinzialsynoden, so wie diese aus den Arbeiten der Kreissynoden hervorgehn; aber so wie diese in dem Entwurf erscheinen, liefern sie nichts der Mühe werthes hiezu, nicht einmal die Gegenstände im Allgemeinen sind aufgeführt worüber zu berathen und zu beschließen ist; und was also dem ganzen Werke die Krone hätte aufsezen müssen, darüber konnte im Zusammenhang mit dem übrigen Entwurf nichts gesagt werden, und darum war es besser die Landessynode noch ganz zu übergehen. Auch hätte nach der Analogie mit dem übrigen Einer an die Spize derselben gestellt werden müssen, der auf dieselbe Weise gar nicht zu construiren war, sondern allerhöchsten Ortes muß erst bestimmt werden, wie die Landessynoden zusammengesezt und geleitet werden, auch ob sie regelmäßig zu gewissen Zeiten wiederkehren soll oder nur auf besonderes Erfordern. Auch hieraus also sieht man deutlich, es ist nöthig befunden worden diesen Entwurf ausgehn zu lassen, ehe die noch fehlenden königlichen Bestimmungen eingeholt worden sind, und wie er beschaffen ist, ist er uns eine desto sichrere Gewähr, daß wir ein völlig genügendes Gesez noch zu erwarten haben, welches eben die ersten Berathungen der Synoden, von dem Entwurf den Anstoß nehmend, mit sollen vorbereiten helfen, wozu man ihnen um so mehr Kraft und Gedeihen wünschen muß als der Entwurf ihnen ihren Antheil hieran eben nicht sehr erleichtert.

Druckfehler.

Seite 48 Zeile 3 v. u. an einzelne lies von einzelnen.

Kolibri 360 GmbH
Ferdinand-Jühlke-Straße 7
99095 Erfurt, Deutschland
produktsicherheit@kolibri360.de